"60岁开始读"科普教育丛书

乐享新科技

编　著

梅一鸣　耿　挺　尹学兵

 上海科学技术出版社

復旦大學 出版社

图书在版编目（CIP）数据

乐享新科技 / 梅一鸣，耿挺，尹学兵编著；上海科普教育促进中心组编. —上海：上海科学技术出版社：复旦大学出版社，2019.11

（"60岁开始读"科普教育丛书）

ISBN 978-7-5478-4622-3

Ⅰ.①乐… Ⅱ.①梅… ②耿… ③尹… ④上… Ⅲ.①科学技术－普及读物 Ⅳ.①N49

中国版本图书馆 CIP 数据核字（2019）第 222867 号

乐享新科技

梅一鸣 耿 挺 尹学兵 编著

上海世纪出版（集团）有限公司

上 海 科 学 技 术 出 版 社 出版、发行

（上海钦州南路 71 号 邮政编码 200235 www.sstp.cn）

上海中华商务联合印刷有限公司印刷

开本 889×1194 1/32 印张 4.5

字数 53 千字

2019 年 11 月第 1 版 2019 年 11 月第 1 次印刷

ISBN 978-7-5478-4622-3/N·192

定价：20.00 元

内容提要

　　本书结合现今最新科技发展现状和老年生活实际，本着享受科技发展新成果的目的，向老年朋友们简要介绍了日常生活中的大数据、人工智能应用等领域新发展，涉及衣食住行、求医就诊等方面的科技知识，分"旖旎大数据、健康新出行、便利新生活、精准新医疗"四部分，共 46 个知识点，有助于提升老年朋友们的科技素养，进而懂科技、爱科技，让老年生活更"智慧"！

编 委 会

总　序

党的十八大提出了"积极发展继续教育，完善终身教育体系，建设学习型社会"的目标要求，十九大报告中再次提出"办好继续教育，加快建设学习型社会"的重大目标，充分说明了终身教育的重要性。近年来，在国家实施科技强国战略、上海建设智慧城市和具有全球影响力科创中心的大背景下，老年科普教育作为终身教育体系的一个重要组成部分，已经成为上海建设学习型城市的迫切需要，也成为更多老年市民了解科学、掌握科学、运用科学、提升生活质量和生命质量的有效途径。

随着上海人口老龄化态势的加速，把科普教育作为提高城市文明程度、促进市民终身发展的手段是很有必要的。但如何通过学习科普知识进一步提高老年市民的科学文化素养，提升老年朋友的生活质量，已成为广大老年教育工作者和科普教育工作者共同关注的课题。为此，上海市学习型社会建设与终身教育促进委员会办公室组织开展了老年科普教育等系列活动，上海科普教育促进中心在这些活动的基础上组织编写了这套"60岁开始读"科普教育丛书。

"60岁开始读"科普教育丛书，是一套适合大多数老年朋友阅读的科普书籍，着眼于提高老年朋友的科学素养、增强健康生活意识、提升健康生活质量。丛书已出版 5 辑 25 册，现出版的第 6 辑共 5 册，涵盖了最新科技、日常礼仪、家庭园艺、口腔保健、心理健康等方面，内容都是与老年朋友日常生活息息相关的科学新知和生活智慧。

这套丛书提供的科普知识通俗易懂、可操作性强，能让老年朋友在最短的时间内学会并付诸应用，希望借此可以帮助老年朋友从容跟上时代步伐，分享现代科技成果，了解社会科技生活，促进身心健康，享受生活过程，更自主、更独立地成为信息化社会时尚能干的科技达人。

前　　言

有句俗语：家有一老，如有一宝。老年人因为经历了岁月历练，看待事情要比年轻人更透彻，在家庭中的地位最高。当然，在社会上也是一样。不少人在退休后的相当长一段时间内，仍然积极参与社会活动，贡献他们的社会力量以及知识储备。

随着社会的发展、科技的进步，当下有越来越多的科技产品进入了我们的日常生活。高铁、网购、移动支付、共享单车，被称为"新四大发明"。

但是，对于绝大多数老年人来说，自己有丰富的人生阅历，在面对高科技时却束手无策。明明在街边招手拦了出租车，车辆却停在一位一直低头玩手机的年轻人面前，只因是"网约车"；明明凌晨四点就跑到医院排队，却排在了七点才来的年轻人后面，只因为他是"网上挂号"。事实上，日常高频使用的科技产品，无论硬件还是软件，设计时大多是围绕青年使用需求为主，很少考虑和优化中老年使用者的用户体验。应该说，老年人是日常科技产品中的"弱势群体"，特别是60岁以上老人的互联网渗透率还是处于低位。

非常荣幸，我与两位媒体同行受邀编写这本《乐享新科技（"60岁开始读"科普教育丛书）》。全书将聚焦大数据、即时通信软件使用、便捷出行、智能家居、移动支付、网上购物、智慧养老、互联网医疗等方面，介绍时下最新的高科技手段。用朴实的语言、翔实的操作步骤，试图教会老年朋友们使用这些新科技。

科技发展不应"抛弃"老人。"夕阳再晨"，让老年人与新时代同行，共享科技发展的成果。希望通过本书，能让更多的老年朋友了解时下最新的科学技术、掌握新兴科技手段的基本用法，享受新科技带给人们的便捷。我们也会继续努力、加强学习，为大众带来更多的科学知识。

梅一鸣

目　录

一　旑旍大数据

二　便捷新出行

三 便利新生活

四 精准新医疗

一

旖旎大数据

1. 什么是大数据

生活实例

▼

在很多场合中，特别是涉及人工智能应用时，我们经常听到"大数据"这个词。那么什么是大数据？计算机如何识别大数据？

一般而言，数据本身并非是什么新发明，早在计算机和互联网出现之前，我们的生活就是由各种信息组成的。公共交通每天的承运量，医疗机构提供的检查结果，企业留存的客户记录和存档文件，等等，所有这些信息都是数据，这么多的数据聚合起来，被形象地称之为"大数据"。

随着计算机和互联网的普及，数据变得更加容易获取与储存，仿佛是一夜之间，几乎我们的每一个行动都留下了数据的痕迹。当我们上网浏览时，当我们使用手机时，当我们通过社交媒体或聊天软件与朋友交流时，当我们在商场购物娱乐时，都会生成数据。

那么，计算机如何识别我们的数据呢？

首先，绝大多数数据是非结构性的，数字、照片、视频、录音、文字，哪怕是每个人的生活习惯，都是"数据"。为了帮助计算机理解所有这些杂乱无章的数据，往往综合了应用数学、图形学、信息可视化技术、信息科学等学科的理论与方法。

再次是速度，数据产生和传送的频率非常快，因此要处理这些数据，需要极高的运算能力，包括检索、数据挖掘、重组能力。通常使用包括人工智能和机器学习在内的尖端分析技术，通过计算机识别这些数据所代表的内容。

最后是价值，要从大量的低质量、低价值的数据中获取知识，犹如从大海中捞针，获取数据成本很高，但有待挖掘价值非常大。大数据的一个重要功能就是训练计算机学习。类似于一个初入学校的"小学生"，要想得到一个更聪明的计算机学习系统，需要先用少量的数据去训练它。在少量的数据下，机器学习系统不出错。之后再加大学习量，最终就能通过反复测试上线。在大量的学习样本下，计算机可以学到如何更有效地进行筛选信息，分析处理得到有用的数据，最终将结果反馈给用户。例如一位肝癌病人，在诊疗过程中能够产生高达16 000多条数据，而医疗影像的识别机器人，就可以通过不断更新的数据库，对各种数据进行识别或自然语言处理，它们能够比人类更快、更可靠地识别疾病，同时进一步进行分析，给出诊断意见。

当然，大数据还有一个特点，就是单条数据价值不高，只有把各种数据聚合在一起，通过分析处理才能获取价值。

3

特别提醒

上海科学技术出版社于2018年10月出版了《旖旎数据——100分钟读懂大数据》一书,以图文并茂的方式介绍了大数据方方面面的知识,作者为朱扬勇,有兴趣的读者朋友可找来一读。

2. 大数据应用体现在哪些方面

生活实例

▼

早上出门前,用手机查询一下最近一班公交车什么时候到站。下午用平板电脑刷刷购物软件推送的打折商品。晚饭后,用语音打开家里的智能设备,想看什么电视剧应有尽有。

临睡前，在手机上看一下自己今天的运动量，顺便给朋友们的走路步数点个赞。

现如今，随着人工智能等相关科学技术的发展，我们的生活变得越来越智能化，而这背后，正是大数据为所有行业掀起的"一场革命"。对于百姓来说，大数据将从以下几方面改变我们的生活。

（1）**更智能地推送**：由于大数据对于机器的训练非常有帮助，可以帮助机器更好地进行学习，了解人类的需求。比如，你是一位体育爱好者，每天都会在手机上浏览足球相关的信息，那么计算机就会根据你的行为来判断你的喜好，然后再把你喜欢的内容推荐给你。浏览过足球比赛的新闻后，后台可能推送给你球赛的比分、联赛的积分榜、射手榜、球员的转会信息、球衣的商品推荐，甚至是球赛的门票。这就是所谓的智能推送，它的基础就是大数据。正是因为大数据的收集和分析，计算机才能智能地给你推送相关内容。所以，如果你总能够在首页上看到你喜欢的内容，一定要感谢大数据哦！

（2）**更便捷地出行**：无论是市内出行，还是远渡重洋的自由行，你想知道什么道路不拥堵，走哪些线路最省钱，只需要打开手机地图类 App 就能实现。地图类 App 需要采集大量的交通数据，然后对道路的拥堵情况进行跟踪和预测，反馈给你一个比较好的路线。

大数据会告诉你如何去哪儿，也会让你明晰你在哪儿。即时定位会告诉你身边有哪些购物商场，附近最好吃的烧烤是哪一家，要去最近的电影院该怎么走，迷路了怎么才能找到家门。

（3）更便利地购物：在大数据跟人工智能的环境下，后台系统会智能分析你近期的关注记录为你推荐商品，或者根据个人喜好、品种、样式为你进行搭配，大数据还会根据你近期的购物情况进行记录生成分类账单，等等。

（4）更规范地生活：众所周知，现在个人信用已和我们的日常生活紧密相连。这也意味着，我们不论是信用卡还款，房、车贷款偿还，还是手机充值、水电煤气缴费等，都有可能使我们的信用受到影响。随着大数据时代的到来，实名制的广泛覆盖，我们的行为活动从某种意义上来说是"受监管"的。譬如说你是否违法过，是否恶意拖欠负债；又或者是你在银行或是与征信挂钩的其他平台借过钱，有没有按时还款，等等。

♥♥♥♥♥♥♥ 特别提醒 ♥♥♥♥♥♥♥

不少企业都有会员，企业通过会员大数据挖掘分析，通过会员购买习惯的记录，分析会员的购买频率和购买喜好，从而通过微信、短信、邮件等方式在会员快要达到消费周期的时候进行适当的购买推荐，或是提供优惠活动等方式来保证客户的忠诚度。

3. 你的个人信息安全吗

生活实例

▼

刚买完车就接到保险公司的推销电话。

刚给小孩报了英语学习班，就有体育兴趣班打来电话邀你报名。

刚在银行办了贷款，就有各种骚扰电话打来。

你一定想过这些问题，数据信息给我们生活带来便利的同时，个人信息是不是会泄露？会不会有不法分子利用这些个人信息？

答案是肯定的。

随着互联网的日益普及，个人与个人、个人与企业、企业与企业之间的信息沟通与交流已经由传统的书信、电报、电话、传真、书刊、报纸等介质转变成为微信、电子邮件、搜索引擎、微博等网络虚拟平台。例如一些社交软件、电子邮件、微博、网络论坛等通信平台已经由填写虚拟昵称，规范到需要电话、姓名认

证才能注册。甚至一些申请，如不填写电话则无法进行注册，个人信息无形中已被相关企业收集并形成一个大的数据库。

我们的各种信息，大到购买方式、消费习惯；小到身份信息、电话号码、家庭住址、单位地址等一旦被泄露，将对公民个人的信息安全造成严重的危害。

应该说，这些资料都是我们愿意公开在网络的，但并不代表我们愿意将它公开在其他的应用软件上，就算同一个公司的其他产品，也没有理由与资格来使用这些数据资料。但是，总有一些不法分子会悄无声息地破坏个人隐私权，用于商业用途。

不过请你放心，上述问题在 2018 年 5 月 1 日起正式实施的《信息安全技术——个人信息安全规范》中，均有详细的规定。这部国家标准适用于规范各类组织对个人信息的处理方式，并提出了明确的安全要求。该规范要求，收集个人信息时应告知用户所提供的产品或服务需收集的用户个人信息类型及规则，并征得用户的授权同意（有调查发现，部分互联网企业通常采用让用户同意隐私政策的方式达到这一合规要求）。

此外，该规范还指出，使用个人信息时，不得超出与收集个人信息时所声称的目的具有直接或合理关联的范围。因业务需要，确需超出上述范围使用个人信息的，应再次征得个人信息主体明示同意。

当然，你在使用互联网时也一定要多留一些心眼，在社交网络上要尽可能避免透露或标注真实身份信息，不要连接不明来源的 WIFI，可以将各种骚扰电话加入手机黑名单，今后就可以还自己一个清静了。

♥♥♥♥♥♥♥♥♥♥ 特别提醒 ♥♥♥♥♥♥♥♥♥♥

《信息安全技术——个人信息安全规范》（GB/T 35273—2017）是全国信息安全标准化技术委员会 2017 年 12 月 29 日正式发布的规范，于 2018 年 5 月 1 日实施。本标准针对个人信息面临的安全问题，规范个人信息控制者在收集、保存、使用、共享、转让、公开披露等信息处理环节中的相关行为，旨在遏制个人信息非法收集、滥用、泄漏等乱象，最大限度地保障个人的合法权益和社会公共利益。

4. 医生通过大数据进行诊疗更方便吗

据载，广州市内有一家医院，将该院所有病人的症状、诊疗情况、医嘱信息、用药效果都录入电脑储存，形成了海量的医疗数据，在需用的时候就可以检索出来。医生只需在机器上录入患者相关信息，短短几十秒内，一份 70～100 页的治疗报告就会生成，内容包括：推荐治疗方案、治疗方案遵循了哪些指南和治疗思想、患者可能有的临床医学证据、用药建议以及药物副作用提醒。

又如，一位患者在做了肺部手术后，转氨酶升高，手术医生想知道这种情况是不是正常现象，就在医院数据库里进行高级检索，发现确实有一些病例在肺癌手术后，转氨酶超过了预警线，对医生的下一步治疗方案就起到了辅助决策的作用。

能"读图"——识别影像，还能"认字"——读懂病历甚至像医生一样"思考"，出具诊断报告，给出治疗建议……人工智能医疗正从前沿技术走向现实应用，而这样应用的基础，正是大数据。

应该说，大数据与人工智能是未来医疗行业的发展趋势。简单来说，就是利用海量的医疗大数据建立疾病、症状、检验检查结果、用药等信息之间的关联关系，构造医疗知识图谱，核心是利用医疗大数据发现关联关系，可用于疾病探查、辅助诊断、辅助用药等。

目前，很多高科技公司正在通过对大量病历进行深度挖掘与学习，训练临床诊断模型，最终实现辅助医生临床决策，规范诊疗路径，提高医生的工作效率。

比如可以鉴别肿瘤的"人工智能医生"，可以自动匹配病人影像检查的历史资料，精准定位病灶并进行智能研判，结论是"新增"，还是"增大"，抑或是"消失"，都逃不过它的火眼金睛，对于病情发展预测、疗效判断等均有帮助。

事实上，"人工智能医生"大显身手的领域早已涉及医院各科室，肺结节筛查、乳腺 X 线钼靶、放疗靶区规划、糖尿病眼病、骨折、出血性脑卒中、三维骨盆重建……今后，也一定会有越来越多的科室出现"人工智能医生"的身影！

♥♥♥♥♥♥♥♥♥♥♥ 特别提醒 ♥♥♥♥♥♥♥♥♥♥♥

当然，人工智能读片并不能完全代替医生，目前只能用于辅助医生临床决策，规范诊疗路径，提高医生的工作效率。

5. 大数据助推智慧健康养老

"养老"已成为一个社会性话题，而中国也正在经历全球规模最大、速度最快、持续时间最长的老龄化进程。根据国家统计局的数据显示，截至 2018 年底，我国 60 周岁及以上人口为24 949 万人，占总人口的 17.9%；其中，65 周岁及以上人口为16 658 万人，占总人口的 11.9%。随着老龄人口增速持续不断提升，多份研究报告预计 2030 年我国老龄人口将达 3.5 亿~4 亿，占比 1/4 左右。在"互联网+"的浪潮下，智慧健康养老也得到了越来越多的关注。

所谓智慧健康养老，是指面向居家老人、社区及养老机构，基于物联网、计算机网络、智能化设备等科学技术，将家庭养老、社区养老、机构养老等传统养老方式结合起来，为老年人提供全天候、多层次、高效便捷的养老服务，以满足老年人物质需求与精神需求。而生活数据分析应用、个性化养老服务计划，以及提升护理人员工作效率的技术，是智慧养老"聪明"的三大特点。

2016 年 4 月，工信部赛迪研究院发布的《智慧健康养老产业发展白皮书》显示，目前市场上的智慧健康养老项目多包括终端设备、软件产品、系统集成服务和应用服务四大方面。应用服务主要包括老年人远程监护、慢性病管理、在线医疗、社区健康养老等。

目前市面上已经有可以随时监控身体状况的手环、自带 LED 灯的放大镜、可折叠防滑手杖、各类防压疮床垫、大型助浴设备……一系列更注重细节设计的生活用品，部分解决了老年人生活中遇到的大问题。

针对老人摔倒、中风、认知症等问题，2018 年，上海市普陀区民政局对接"智联普陀城市大脑"服务，为普陀区 2 000 户社区独居老人安装"居家安全智慧四件套"（无线门磁、红外体征传感器、无线烟感器、无线可燃气体监测器），将数据汇入"智联普陀城市大脑"中心数据库，运用科技助老手段，保障社区独居老人安全。

老年人睡眠浅，稍有一点"风吹草动"就容易醒。而一些健康状况不是很稳定的老人，每天获得好梦更是一种奢侈。因此，一种"智能床垫"应运而生。一个薄薄的床垫能随时监测老人的各项生命体征：呼吸、心跳、离床持续时间、体动持续时间等。这些数据自动上传至系统，一旦发生异常，系统会发出警报，方便家人即时查看和处理。

技术赋能使得智慧养老更加"聪明"，甚至可以让失能失智老人像正常人一样智慧养老。据悉，工信部、民政部和国家卫生健康委近日联合印发通知，要求开展第三批智慧健康养老应用试点示范工作，将继续支持建立一批智慧健康养老企业、街道（乡镇），推广智慧健康养老产品和服务，以形成产业集聚效应和示范带动作用。

6. 食品安全可通过大数据追溯实现吗

生活实例

▼

2019年春节前，家住上海普陀区的刘先生到超市购买鱼、肉、蔬菜等年货。当选购完商品后，电子秤"吐出"了一张追溯二维码，通过"上海食品安全信息追溯"微信公众号，手机页面上迅速出现了商品的生产日期、生产公司、销售公司，以及每个环节的检测报告等信息。刘先生笑着说："商品是谁供应的，最后什么时间点进入超市，看得一清二楚，还有一个追溯的地图。现代信息技术让我对这些农产品追根溯源，也让我吃得明白、买得放心。"

　　其实，实现人们"餐桌上的安全"背后，是一套从生产、运输到最终摆上餐桌的食品安全追溯体系在保驾护航。上文小故事中提及的食品安全追溯体系，就是通过线上、线下等手段，采集记录农产品生产、流通等环节信息，实现来源可查、去向可追、责任可究，以强化生产全过程质量安全管理与风险控制。这其中，各项科技运用助力颇多。

　　这个"食品安全追溯体系"源于2018年9月24日国务院办公厅印发的《完善促进消费休制机制实施方案（2018—2020年）》中的"产品质量追溯体系"。上述方案指出，要加强重要产品质量追溯体系建设，提高重要产品生产管理信息化、标准化、集约化水平，健全追溯大数据应用机制，逐步形成全国追溯数据统一共享交换机制，初步实现部门、地区和企业追溯体系互通共享。该方案还要求各地应探索创新技术手段，重点推进二维码、无线射频识别、视频识别、区块链等技术应用，提高追溯单元信息采集与传递的智能化和准确性，提高数据处理和综合分析能力。

　　于是，很多地方利用电子化、信息化手段，破解追溯难题。例如，北京市运用信息技术手段，实现了肉菜商品流通索证索票、购销台账的电子化。不少地方还将追溯与微信、支付宝等交易手段相结合，提高消费者使用追溯平台的积极性。

　　据悉，目前上海已经实现了包括蔬菜、肉品等在内的9大类20项重点食品品种的追溯全覆盖。已有4万多家企业注册，累

15

计可查询追溯数据约 10 亿条。此外，通过上海市教委的阳光午餐追溯系统，学生家长还可以实时查询孩子的午餐来源。

长三角一体化国家战略提出后，除了实现食品安全信息追溯，一套统一的标准也正在抓紧研制。长三角三省一市将率先推进检测结果互认、不合格食品信息互联互通、网络食品监管统一、案件查办协作等。很快，安徽产的猪肉、青菜等，如果在当地检测合格，就可以直接进入上海市场，通过信息多跑路，避免重复检测，食品安全追溯体系实现互联互通。

同时，如果上海市民对所购菜品查询的信息心存疑虑，还想再检测一下也没问题。因为，有些"快检实验室"不仅搬进了菜市场，还走进了居民小区，市民在家门口就能快速检测猪肉是否非法添加了瘦肉精，蔬菜是不是有农药残留。

7. 精准信息推送是电脑和我们"心有灵犀"吗

相信大多数网民都曾遇到过这样的问题，就是当我们在使用搜索引擎寻找我们想要的内容时，我们在浏览其他网站时就会弹出类似的广告，该广告上面正是我们在搜索引擎上搜索过的东西！并且不单单是在我们搜索之后才会出现这样的问题，我们在

生活实例

▼

老年朋友们不知有没有过发现这样一个问题：为什么每次上网浏览时，浏览器总能弹出我们曾经或现在心里想要的商品的广告？这难道真是电脑和我们心有灵犀？

购物平台寻找商品的时候，也会出现这种情况。

为什么会出现上面这种现象呢？难道我们的电脑中毒被监视了？

其实并不是，而是我们在使用各种软件服务或者网站服务的过程中，产生的浏览记录被网站后台系统拿去分析了，它们通过分析这些记录就能够知道我们现在最想要什么东西、最想做什么，甚至你未来的出行计划、购物等，可能都会进行预测。然后，根据这些分析结果推送相关信息给你，这就是为什么弹出的广告总能明白我们"心思"的原因。说白一点，就是目前互联网电商平台大多都是通过大数据技术来完成精准营销。

当然，老年朋友们对互联网领域的辨别能力还处于较低的状态，对于一些隐藏着问题的文章、商品推送往往缺乏分辨能力，易受错误的价值观指引，导致老年人容易上当受骗。因此，当老年人遇到"狂轰滥炸"式的推送时，不妨请缓一缓，或是问一下自己的子女，让他们帮忙核实信息是否属实，同时也冷静思考一下，这些商品我们是否真的需要购买。

8. 智能语音识别，与机器对话不再难

在科幻小说《银河系漫游指南》中，宇宙间各种生命体之间的言语不通怎么办？只要在耳朵里放置一条名叫"巴别鱼"的奇异生物，就能把语言转化成脑电波。在现实中，随着智能语音识别技术的提升，我们也能拥有一条"巴别鱼"，今后出国旅游再也不怕语言不通了。

人类的"巴别鱼"是具有人工智能算法的机器。它需要听懂人类的自然语言，然后将其转化为机器语言，经过处理之后，再用语音、文字等方式翻译出来，或是直接进行对话。这一过程被称为自然语言处理。

自然语言处理的英文是 Natural Language Processing，一般被简写为 NLP，它实际上包括了三个方面：语音识别、自然语言理解与语音合成。这三方面分别解决了三个问题：听清楚别人在说什么，理解别人说的意思，根据听到的与理解到的对话内容回答别人的问题。这需要大量的语音数据分析、学习和处理。

　　自然语言处理是工业界与学术界都关注的人工智能领域，这一领域的突破性发展与深度学习算法的成熟有直接的关系。加拿大多伦多大学的辛顿是深度学习的先驱，他和学生于 2006 年发表在《科学》杂志上的文章提出了降维与逐层预训练的方法，这使得深度学习成为可能。

　　2010 年以后，一种更加有效的人工智能算法——深度神经网络重新打造了语音识别的算法框架。在这个过程中，以科大讯飞为代表的语音识别公司开始崛起，其开发的语音识别产品已经进入实用化的阶段。

　　2013 年，谷歌的语音识别系统对英语单词的识别错误率已经下降到 23% 左右。到了 2015 年，谷歌的语音识别系统再次刷

♥♥♥♥♥♥♥♥♥♥ 特别提醒 ♥♥♥♥♥♥♥♥♥♥

　　随着智能语音交互技术渐趋成熟，围绕语音交互技术形成的产业融合效应持续释放，以智能汽车、智能家居、智能客服、可穿戴设备、医疗、教育、服务机器人等为代表的诸多细分领域的产品大量涌现。智能化车载市场发展迅速，智能家居市场空间加速扩张，可穿戴设备市场潜力巨大，智慧医疗应用迈入起步期，智能语音推动客服智能化发展，助力教育行业变革，促进服务类机器人发展。

新了纪录，利用深度学习神经网络，它们将单词的识别错误率降低到 8%。

在国内，科大讯飞是当仁不让的"领头羊"。语音输入法可以帮助我们在一分钟内完成 400 个汉字的输入。人工智能在自然语言处理上已经开始实现产业化落地，人机对话已经不再难了。

二

便捷新出行

9. 会跟主人走的行李箱

　　每次拖着笨重的行李箱，穿梭在人头攒动的机场和火车站时，不少人都会想：要是行李箱可以自己走就好了。这一梦想在2016年已经变成现实。以色列灵性机器人公司于2016年研制出一种智能行李箱，能够自动跟着主人走，算是彻底解放了主人的双手。

　　这种智能行李箱实际上是一种智能行李箱机器人，无需任何遥控、能够实现自动跟随主人行走。它集成了视觉识别技术、跟踪定位技术、激光测距技术、避障与导航技术、策略层的人工智能技术等综合应用，颠覆了行李箱的传统使用方式，赋予人类全新出行的定义：当别人双手拖着行李满头大汗的时候，你却可以悠闲地捧着咖啡，一旁的行李箱自动跟着你。这样的场景带来的回头率绝对 100％！

　　行李箱机器人的秘密在于，箱子内置了各种探测器和驱动装置。探测器会通过激光识别人体轮廓进行跟随，配合针对人群密集场景研发的 AI 算法以及激光雷达技术，实时构建三维环境数据，自动避障，轻松跟随主人穿过人潮人海。

　　那么，行李箱机器人会不会跟错人呢？不用担心，主人佩戴的配套手环可以让它做到绝对跟随，只跟主人走。行李箱内置射频定位模块，与手环一对一配对，实现精准定位。同时能够实时刷新位置，就算主人跑再快也没有问题。

　　如果不幸遇到"打劫"行李箱的情况，也不用慌张。手环能时刻和箱子保持交互感应。跟随主人行进时，手环会持续震动，且力道温柔，不会给主人造成任何困扰。当箱子离主人超过 2 米安全距离，或被其他人提起时，手环会剧烈震动，并发出红光提醒主人注意。

　　不仅如此，这个行李箱机器人还自带移动充电宝功能，无时无刻都能为手机、平板甚至是电脑充电，主人再也不用担心随身电器没有电了。这在手持移动终端成风的今天，更是吸人眼球。

这样的智能行李箱机器人，真是方便！不过目前价格不菲，让我们等待它大规模上市的那一天！随着技术的进步和社会的发展，相信不会让我们等太久！

10. AR-HUD，在车窗上显示道路信息

在现代激烈的空战中，飞行员不需要低头看机舱内的各种仪表盘，在他的视野正前方有一块透明面板，能显示各种飞行参数，甚至还能用来瞄准敌机进行射击。这就是平视显示技术（HUD）。

HUD 是利用光学反射的原理，将重要的飞行相关资讯投射在一片玻璃上面。这片玻璃高度大致与飞行员的眼睛成水平，投射的文字和影像调整在焦距无限远的距离上面，飞行员透过HUD 往前方看的时候，能够轻易地将外界的景象与 HUD 显示的资料融合在一起。

1988 年，HUD 被首次引入汽车领域，其将车速、发动机转速、油量、档位等重要信息实时显示在视线前方的一块透明玻璃

上。不过，初期仅适配宝马、奥迪等高端车型，未能实现在汽车领域的大范围普及。随后，由于 HUD 设备成本进一步下降，汽车也开始慢慢跟进安装。通过 HUD 设备，用户可以观察到车速、限速指示、驾驶路线图等信息。

然而，HUD 在汽车上的应用始终有些不温不火，甚至被称为"鸡肋"。在经历了两代产品 C-HUD（组合型 HUD，需要单独屏幕来呈现信息）和 W-HUD（挡风玻璃型，直接把信息投射到挡风玻璃上）的迭代，HUD 本该到了穷途末路，但增强现实技术（AR）使 AR-HUD 使它重回人们的视野。

与 HUD 相比，AR-HUD 显示的范围更大，距离更远，而且更为复杂。前者只是投射并显示信息的设备，而 AR-HUD 则需要和辅助驾驶系统深度整合，以实现更高级的效果和功能。可以说，AR-HUD 就是驾驶者的另一双眼睛，通过它你就能直观地看到更多信息。

AR-HUD 使得开车就像是在玩一款"第一视角"的汽车驾驶游戏：从你正在驾驶的汽车前挡风玻璃看出去，外面的道路不仅仅是一条真实的沥青马路，而是用鲜艳的颜色标记出行的道路；当汽车偏离行驶的车道，AR-HUD 系统就可以在显示区域标出红线提醒驾驶员；在下一个路口需要拐弯时，AR-HUD 上会显示出一排的箭头，看上去像是附在道路的表面上，这些箭头会指导你应该在何处进行转弯，当你转过弯后，箭头就会消失。

目前，AR-HUD 的高端技术已经能直接将图像投射在车前方 7.5 米处的道路上，并实现了 30 米的景深。在此基础上，还整合了 ADAS 技术，实现车道偏移、前车距离监测、行人警告、超速提醒等一系列功能，以及 AR 实景导航。

虽然 HUD 的应用历史并不算长，AR 技术的发展也刚处于萌芽状态。然而，一旦让 HUD 插上 AR 的翅膀，几乎没有人会否认它将飞向一个全新的高度。或许，成熟后的 AR-HUD 将会是迈向自动驾驶汽车的又一个新台阶。

♥♥♥♥♥♥♥♥ 特别提醒 ♥♥♥♥♥♥♥♥

AR（augmented reality），即增强现实，也被称为扩增现实。AR 技术是促使真实世界信息和虚拟世界信息内容融合在一起的较新技术，其将原本在现实世界的空间范围中比较难以进行体验的实体信息，利用各种科学技术手段实施模拟仿真处理，并叠加虚拟信息内容在真实世界中加以有效应用，并且在这一过程中能够被人类感官所感知，从而实现超越现实的感官体验。真实环境和虚拟物体之间重叠之后，影像能够在同一个画面以及空间中同时存在。这种技术已被迅速应用于各种场景，如医生手术、无人驾驶汽车等。

*11.*公交出行可刷手机付款

生活实例

▼

　　王阿姨出门前，拿了一把硬币装在口袋里。女儿见状不解地问："妈，你这是要干嘛？"原来，王阿姨为了坐公交车和地铁，特地拿了硬币。"不必那么麻烦，如今早就可以用手机付款了，根本不用带着那么重的硬币。"女儿跟王阿姨仔细地讲解起来。

　　目前，在公共交通（包括地铁与公交车）上付款，主要有两种方式。一种叫 NFC（Near Field Communication，即近距离无线通信技术），另一种是手机二维码付款。

　　手机的 NFC 功能，能够在手机里模拟出一张甚至多张公交卡，用户只要将手机背部 NFC 天线的位置靠近地铁闸机或者公交车上的 POS 机即可，使用体验与实体的公交卡如出一辙，只是从口袋里掏出的公交卡换成了手机。但是，如果使用 NFC 乘车，手机就得搭载 NFC 芯片，而 NFC 芯片这个配置目前并不是所有手机都会搭载。

其次，每个城市的公交系统都不同，如果要让同品牌的手机用户能够在不同城市使用，那么手机厂商便需要每座城市挨个适配系统，这便是第二个难点。

目前，支付宝、微信以及各地的乘车 App 中几乎都有各个城市的乘车二维码或是地铁二维码，应该说普及度非常高。二维码付款的操作相对于 NFC 来说略微复杂，需要先打开手机，然后打开软件，最后打开二维码，对准二维码扫描器，才能付款成功和乘车。二维码付款，对于用户的手机硬件并没有太大的要求，但是在乘车人流量很多的时候，扫二维码花费的时间更多。

目前，随着长三角一体化战略的推行，上海、杭州、宁波、温州、合肥、南京、苏州 7 座城市轨道交通，已经实现七城轨道

♥♥♥♥♥♥♥♥♥ **特别提醒** ♥♥♥♥♥♥♥♥♥

上海市民地铁出行，若要刷手机付款，需到手机中的"应用市场"下载"Metro 大都会"App，按其要求进行设置即可。设置好后，调出"上海地铁乘车码"，对准闸机扫描口高度 5 厘米处刷码进站；出地铁时做相同操作即可，App 后台自动扣款。若是公交出行，可调用支付宝"我的卡包"中的"上海公共交通乘车码"，对着车上 pos 机的扫描口一刷即可完成交费，非常方便！

交通二维码手机扫码过闸"一码通行"，这也是第一张覆盖长三角三省一市等主要城市的地铁"通票"，长三角成为国内首个实现地铁刷码互联互通的城市群。

12. 智慧停车让停车不再难

生活实例

　　驾车一时爽，停车哭断肠。在繁忙的城市中，尤其是街道狭小的老城区里，想要找到一个车位可能都不是一件容易的事情，常常是开着车兜兜转转了半天才找到车位。即便是找到了车位，那些逼仄的停车位空间也会成为不熟练的新司机的噩梦，有时候还会磕磕碰碰。

　　在物联网和人工智能产业发展进程中，汽车被看作是一个有巨大价值的平台。在智慧城市中，以人、车智慧出行为出发点，扩展到人和车的每一种生活场景，基于前端设备的感知，利用互联网和物联网技术，对每一个人、每一辆车进行身份识别、授权、数据认证、行为轨迹记录以及云端大数据分析，再结合每一种生活场景的定位和运行规则，为每个居民提供相应的智慧生活服务。

对于企业来说，作为日常生活最大刚需之一，停车能够获取线下巨大的用户流量和数据信息，这对于用户行为分析、洞察用户需求，都能够起到极大的帮助效果；对于打造智慧交通、构建智慧城市，智慧停车也必将成为最重要的一环。

智慧停车的目的是让车主更方便地找到车位，包含线下、线上两方面的智慧。线上智慧化体现为车主用手机 App，如微信、支付宝，获取指定地点的停车场、车位空余信息、收费标准、是否可预订、是否有充电、共享等服务，并实现预先支付、线上结账功能。线下智慧化体现为让停车人更好地停入车位。

智慧停车并不是一蹴而就的，目前已经有车位引导系统、寻车导向系统、车牌识别系统、云停车、ETC 电子收费系统等各种智慧停车的前期技术得到了应用。

国内各地也陆续有停车 App 上线，但服务信息更新不及时、操作烦琐让人头疼。未来的智慧停车要将无线通信技术、移动终端技术、GPS 定位技术、GIS 技术等综合应用于城市停车位的采集、管理、查询、预订与导航服务，实现停车位资源的实时更新、查询、预订与导航服务一体化，实现停车位资源利用率的最大化、停车场利润的最大化和车主停车服务的最优化。简单来说，智慧停车的"智慧"就体现在："智能找车位＋自动缴停车费"。服务于车主的日常停车、错时停车、车位租赁、汽车后市场服务、反向寻车、停车位导航。

♥♥♥♥♥♥♥♥♥♥ 特别提醒 ♥♥♥♥♥♥♥♥♥♥

智慧停车系统会智慧到什么程度？它能自动帮车主找到目的地附近的停车场，并提前预订空位。当车子抵达停车场之后，智慧停车系统会"指挥"车主将汽车停到位置上。当乘客返回取车时，只需一个指令，智慧停车系统再次"指挥"汽车驶出车库，迎接乘客。而停车费则由智慧停车系统进行在线自动支付。目前国内各地一些新建的停车场已经能提供这样的服务。

13. 智能公交让等车不再"望眼欲穿"

对于你来说，一定都经历过在公交车站"望眼欲穿"的漫长等待与煎熬，尤其是酷暑寒冬，那种滋味真的不好受。

生活实例

▼

　　每周五，是女儿从大学回家的日子。每到周五下午，邹阿姨总是欣喜地等待着女儿的微信。"妈妈，我还有三站，大约 10 分钟就能到站了。""好的，我开始炒菜了！"等女儿一进家门，她最爱吃的炒虾仁已经热腾腾地摆在了餐桌上。

　　现如今，这样的烦恼已经一去不复返。我国有多个城市的智能公交电子站牌系统实现了"上岗"运营，实现了车辆到站时间的实时提醒；也有一些城市为了发展智慧交通，启动了智能公交站牌的建设；还有一些城市市民享受到了智能公交带来的好处，积极呼吁增设更多智能公交电子公交站牌。据东方网报道，至 2019 年 8 月初，上海市已超额完成 258 条公交线路，涉及 3 644 个站点，实现实时到站信息预报服务。在浦西中心城区，公交实时到站信息预报服务主要通过墨水屏、55 寸大屏等形式，覆盖 220 条公交线路、3 187 个站点；在浦东新区，则主要采用候车亭"亭牌合一"

改造、太阳能电子站杆、电子站亭等形式，覆盖 38 条公交线路、457 个站点。

此外，将公交线路的名称输入手机，安装了相关应用软件的手机用户便能轻松获知所乘公交的实时位置以及最优化的公交线路。目前，不同类型的实时公交软件主要有四大功能。你可以利用这些功能，更好地安排自己的行程。

（1）**实时查询**：通过手机查询公交车离乘车站还有几站的实时数据，你可以随时随地查询知车辆到站时间，可以预估自己的到站时间，也不必再为等车而烦恼。

（2）**公交换乘**：除了线路查询、周边站点等便捷的公交查询功能外，更能轻松搜索任意两地点间的出行建议方案。

（3）**站点定位**：通过 GPS 精准定位，能够判定应用使用者的具体位置，显示周边的站点及经过该站名所有公交线路列表，更进一步轻松获取经过该站点线路的实时状况。

（4）**地图模式**：显示所在位置周边站点位置信息，以地图形式更直观显示距离自己所在位置周边乘车站距离，让你少走些冤枉路。

那么，这些功能是如何实现的呢？当然还是依托大数据交互实现。首先公交车辆都拥有独立定位系统、陀螺仪、传输系统以及预设的相关线路信息。随后车辆将具体经纬度、车向、速度等信息传送至数据运算中心，数据运算中心结合公交业务系统的具体发车时间、该车辆前后车辆不同站点之间的实验时间作为经验值，对该车下一站点的到站时间进行预算。最后数据运算中心将运算结果返还至公交站牌系统，而公交站牌系统对相应站点推送线路车辆预计到站时间。

♥♥♥♥♥♥♥♥♥♥ 特别提醒 ♥♥♥♥♥♥♥♥♥♥

　　由于智能公交站牌能够向公众提供及时、准确、全面的公共交通信息，因此对于提高城市公共交通服务质量，缓解城市交通拥堵，减轻交通管理、道路建设压力起到积极的推动作用。对于公交运营来说，智能公交带来的改变在于调度方式的升级。通过智能公交电子站牌项目建设，可以实现单纯人工调度到动态监控、实时调度的飞跃。

14. 全球定位导航，想去哪里都方便

　　说起导航，你首先想到的可能就是这三个英文字母——GPS（全球定位系统）。GPS 导航系统是以全球 24 颗定位人造卫星为基础，向全球各地全天候地提供三维位置、三维速度等信息的一

生活实例

▼

　　国庆节长假前夕，刚刚退休的老刘拿到了驾照，准备学着年轻人的样子，在假期来一场说走就走的自驾游。爱人递上了一本厚厚的《全国公路地图》让老刘熟悉熟悉线路，老刘笑道："老伴儿啊，你真是太落伍啦，现在咱们可不用地图了。通过手机导航，动动手指，想去哪里都很方便！"

　　老刘打开手机导航，耐心地指导起老伴儿，"比如我想从上海的曹杨二村到杭州西湖，只要在导航中的出发点选项中输入曹杨二村，目的地输入杭州西湖即可，如果途中我还要去嘉兴拜会一个朋友，也可以添加途经地址。输入完毕后，导航立刻就会给我推荐三条路线，分别是距离最短、用时最快、最省费用，我就可以根据自己的需求来选择具体的路线。导航还会智能地推荐途中的加油站、休息站、停车场，甚至还有目的地附近的酒店、餐饮等信息。"

　　老伴继续问道，"你看这线路上有绿色、黄色和红色，这又是啥意思啊？"

　　"这代表着这段路线的通畅程度，绿色表示通畅，黄色代表拥堵，而红色则意味着严重堵塞。如果前方路段遇到严重拥堵，导航还能即时帮我们调整路线，避开拥堵。"

种无线电导航定位系统。它由三部分构成：一是地面控制部分，由主控站、地面天线、监测站及通信辅助系统组成；二是空间部分，由 24 颗卫星组成，分布在 6 个轨道平面；三是用户装置部分，由 GPS 接收机和卫星天线组成。

♥♥♥♥♥♥♥♥♥♥ 特别提醒 ♥♥♥♥♥♥♥♥♥♥

　　GPS 全球定位系统是美国为军事目的而建立的。它的前身是美国军方研制的一种子午线卫星定位系统，1958 年研制，1964 年正式投入使用。美国为军用和民用安排了不同的频段。美国军用 GPS 精度可达 1 米，而民用 GPS 理论精度只有 10 米左右。在 20 世纪 90 年代中期为了自身的安全考虑，美国在民用卫星信号上加入了 SA（selective availability，选择性干扰），进行人为扰码，这使得一般民用 GPS 接收机的精度只有 100 米左右。

　　2000 年 5 月 2 日，SA 干扰被取消，全球的民用 GPS 接收机的定位精度在一夜之间提高了许多，大部分的情况下可以获得 10 米左右的定位精度。美国之所以停止执行 SA 政策，是由于美国军方现已开发出新技术，可以随时降低对美国存在威胁地区的民用 GPS 精度，所以这种高精度的 GPS 技术才得以向全球免费开放使用。

这个系统可以保证在任意时刻，地球上任意一点都可以同时观测到至少 4 颗卫星，以保证卫星可以采集到该观测点的经纬度和高度，以便实现导航、定位、授时等功能。这项技术可以用来引导飞机、船舶、车辆以及个人，安全、准确地沿着选定的路线，准时到达目的地。GPS 的信号覆盖全球，也就意味着，你在世界上任一位置，能都实现导航功能。

目前，我国也有了自主研发的北斗卫星导航系统，是继美国全球定位系统（GPS）、俄罗斯的格洛纳斯卫星导航系统、欧洲伽利略卫星导航系统之后第四个成熟的卫星导航系统。

2017 年 11 月 5 日，我国第三代导航卫星顺利升空，它标志着中国正式开始建造"北斗"全球卫星导航系统。2018 年 12 月 27 日，北斗三号基本系统建成并提供全球定位服务。到 2020 年，北斗三号组网完成后可以实现全球覆盖，当然，除了传统的导航定位功能外，届时还将实现全球短报文通信、国际搜救等服务。

15. 遥控无人机 + 相机 = 飞行相机

旅行已经成为生活的一部分，越来越多的旅行发烧友背包里装上了单反相机，目的就是要更好地记录足迹，哪怕内蒙古的风沙、哈尔滨的大雪、农村的油菜地、校园的体操队形，都成为旅行者想要记录的瞬间。但是，人的高度是有限的，想要俯瞰大地也就成了一件难事。虽然无人机已经进入到生活中。但是，身为一个旅行者，不能每天背着一个无人机跑来跑去，而且还存在安全隐患。那难道就没有一款无人机，没有安全隐患又方便携带？答案：当然有！

一台只有手机大小的袖珍无人机，就可以给相机插上翅膀。曾有一种袖珍无人机，其机身尺寸仅 97.5 毫米 × 70.4 毫米 × 13.6 毫米，重约 78 克，掌上抛飞，掌心降落。给这台无人机装上遥控相机就成了飞行相机，这台飞行相机可通过软件与智能手机进行连接，随时在空中进行拍摄。同时，该飞行相机配上防抖防震高清摄像头，拍摄出来的画面，稳定高清有感觉，简直就是"手持自拍杆"。

对于初学者来讲，这台飞行相机操作简单，容易上手。把无人机放在手心上，启动马达后，轻轻将无人机往上一推，无人机便可脱离掌心，随后在手机 App 上对无人机进行操控，包括无人机的高度和运动方向。由于这款无人机比较小巧，重量轻，根本不用担心误伤到别人。

飞行相机搭配了 4 个微型无刷电机，可以在几秒钟内迅速将无人机推至 20 米高空，待机时间可达 6 分钟。

这款飞行相机与专业的无人机相比较，更像是一个玩具，但它提供了一个看世界和看自己的全新视角，为拍摄爱好者提供了新颖简便的体验，也让飞行相机飞进了寻常百姓的家中。

三

便利新生活

16. 神奇的二维码从哪里来的呢

生活实例

▼

在咖啡店购买一杯咖啡、与新认识的伙伴成为微信好友，坐地铁时拿出手机进站……都可以通过扫描二维码轻松了事。总而言之一句话，只要你去扫它总能得到你想要的东西。

二维码，正将我们的生活变得越来越便捷。以往人们使用智能手机获取信息时，必须采用输入文字或网址的方式，但随着二维码的普及，你只要"扫一扫"，几秒钟就能获得想要的信息。

的确，二维码是真神奇！那么，这二维码是什么人发明的，其中的黑白小方块儿究竟神奇在哪里，你了解吗？

二维码最初是由日本的一位叫腾弘原的程序员在 1994 年发明的，他就职于日本 Denso Wave 公司，这家公司是日本电装株式会社（其主要业务是给丰田供应汽车零配件，如今还保持着全球第二大汽车零件供应商的地位）旗下的子公司。由于高精度的汽车零配件需要匹配很多信息（原料来源、产地等），而传统的条形码信息容量很有限。如何在零件标签上存储更多的产品信息，成了日本电装需要攻克的难题。腾弘原所在的 Denso Wave 公司作为日本电装旗下负责信息技术的子公司，承接了这项攻关任务。他带领团队经过两年的研究，终于将标签上的一维码（条形码）升级成二维码。过去的条形码只能存储 20 个日文字符，很难满足库存管理的需要，而新的二维码可以存储 5 000 个日文字符，信息储量一下增至原来的 250 倍！

　　从本质上讲，二维码就是用某种特定的几何图形按一定规律在平面（二维方向上）分布的黑白相间的图形记录数据符号信息的，在代码编制上巧妙地利用构成计算机内部逻辑基础的"0""1"比特流的概念，使用若干个与二进制相对应的几何形体来表示文字数值信息，通过图像输入设备或光电扫描设备自动识读以实现信息自动处理。简单地说，就是给数字、字母以及文字符号等的信息换了一身衣服，把他们打扮成了能给计算机识别的方块。

　　腾弘原发明了二维码之后，没有预见到它的其他商业用途。直到 2011 年，中国人徐蔚申请注册"二维码扫一扫"专利［在二维码上有更深层次的研究开发：无线射频识别（RFID）技术+AR 跟踪注册技术］，才真正将它发展起来，并从中国开始广泛应用，目前大多数国家都在应用。

如今，二维码遍布在我们的生活中：地铁站、公交站牌、服务票据或者各种产品包装上都会印有二维码。可以说，二维码是目前商业运营模式中的重要一步。近几年来二维码的创新应用也层出不穷，作为互联网浪潮产业中的一个环节，二维码的应用受到了极大的关注。

♥♥♥♥♥♥♥♥♥♥ 特别提醒 ♥♥♥♥♥♥♥♥♥♥

二维码虽然给我们的生活带来了便利，但是，也会有一些不法分子钻空子，利用扫码获取你的个人信息，甚至违法犯罪，请你一定要留意一下。通过扫码跳转后进入到的网页，很有可能会是不法分子搭建的钓鱼网站。此类网站通常伴有诱惑类信息，吸引用户填写自己的一些隐私账号密码，不仅窃取用户的个人隐私，更有可能盗用你的信息，使你遭受损失。

17. 智能手机助你将生活"一手掌握"

生活实例

▼

　　老宋 60 大寿的时候，儿子送给他一台智能手机作为礼物。老宋看到手机里这一个个花花绿绿的"小方块"，既兴奋又紧张。终于换掉了原来的那个只能打电话、发短信、小小屏幕的"老人机"，可新手机那么多功能，该怎么使用呢？老宋又犯了难，只好又让儿子和孙女帮忙了，好在操作方便，不几天老宋就学会了。

　　首先让我们来了解一下，什么是智能手机？

　　智能手机（Smartphone），具有开放独立的操作系统，类似于个人电脑，有了这个操作系统，我们就能在系统里安装不同的软件、游戏、导航等。全球主流的智能手机操作系统有安卓（Android）、苹果 iOS、诺基亚塞班（Symbian）、微软 Windows Phone 和美国 RIM 公司的黑莓（BlackBerry OS）系统等，前两者最为流行。除此之外，智能手机还有一个最重要的功能，就是可以通过移动通信网络来实现无线网络接入，也就是我们俗称的能够"上网"。只有接上了网络，智能手机才会体现出它的"智能"。

智能手机的功能非常多，再加上各种应用软件也是层出不穷，这里介绍几个最常用的功能。

（1）**电话通讯录**：由于智能手机的存储空间极大，每条通讯录都可以包含非常多的信息。除了常规的电话号码，你还可以备注这位朋友的公司名称、家庭地址，如果你记性不太好，甚至可以用这位朋友的照片作为来电显示的背景。

由于有了网络，你可以随时随地备份通讯录。将手机里的通讯录备份在"云端"，这样就不怕通讯录误删或者遗失了。即使你更换了新手机，也可以通过"云端"下载之前备份过的通讯录。

当然，智能手机还会根据大数据来研判打给你的电话是否是骚扰电话、外卖小哥抑或是电信诈骗。你可以根据自己的需求选择接听或是把该电话号码加入通讯录的黑名单。

（2）**即时通信软件**：微信是目前使用最广泛的即时通信软件，你可以在微信中与你的家人、朋友、同事随时保持联络。无论是打字、手写、语音还是视频通话，不管对方身在地球上的哪个位置，只要有网络和即时通信软件，你就能找到他们。当然，微信中还有大家喜欢的"朋友圈"，朋友的动态你一手掌握，能够随时点赞评论。

（3）**拍照修图**：智能手机也是一部随身携带的照相机，各手机厂商目前在拍照功能上也是动足了脑筋。有的手机拍照精度甚至能够达到 4 800 万像素，以及手动功能中的白平衡、快门速度、曝光时长和各种场景模式，丝毫不输给单反相机。因此，手机摄影也是时下流行的一种摄影新形态。当然，手机上还有各种功能强大的智能修图软件，你可以根据自己的喜好，尽情地发挥想象力，创造出属于你自己的好照片。

（4）**手机导航**："一机在手，走遍天下都不怕。"一些年轻人热衷的网络便捷功能渐渐融入老年人生活当中。手机导航和打车服务已成为很多老年人出行的"标配"。只要输入出发地和目的地，无论是驾车、公交、打车、骑车，还是步行，导航都能显示得明明白白。老年人只要学会导航功能，再也不会迷失回家的路，就连国内外的自由行都可以"说走就走，不求人"。

（5）**购物**：今天下单，明天就能拿到心仪的商品，网购早已不是年轻人的专利。老年朋友用手机寻找产品、比较产品、跟客服咨询、下单交易，然后在家中收货，只要动动手指可以，真是方便省时又便宜。如果你今天懒得做饭，只要打开外卖软件，丰富多彩的全球美食也能送到你面前。

（6）**移动支付、生活缴费**：坐地铁公交刷票、去超市购物、公用事业费缴纳，移动支付已经深入人们衣食住行的方方面面，不仅带来便利，也解决了现金在流通中损耗、伪钞等问题。只要将银行卡绑定手机中的相关软件，比如支付宝或者微信，就能不用带现金出门，用手机付费，安全便捷。

（7）**娱乐功能**：闲暇时听段相声，晚上追一部最流行电视剧、在网上跟陌生人杀几局象棋，在公交车上看看小说，等等。智能手机的娱乐功能可谓是包罗万象，应有尽有。

▼▼▼▼▼▼▼▼▼ 特别提醒 ▼▼▼▼▼▼▼▼▼

　　需要强调的是，老年朋友们不能天天抱着手机做"低头族"，否则老胳膊老腿会出问题，尤其是颈椎病、腰椎病等会找上门来，生活就不美了。因此，老年人用智能手机也要有个节制，该用时就用，不用时就不用。

18. 老年朋友也能玩转微信

生活实例

▼

　　老周在自己的那个微信群里可是个积极分子，作为曾经的班长，如今成为"32 中 67 届一班同学群"的群主，为了维

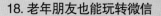

护好这个群，他可是费尽了功夫。转发心灵鸡汤弘扬正能量、科普健康知识、宣传商品打折信息、张罗同学聚会，甚至连一些"失联"几十年的老同学，都通过微信找到了。老周也时常跟老同学们感慨："这微信的功能可太强大了，好像没有它办不了的事儿。"

现在是信息社会，拥有年龄、学历、知识和接受能力优势的年轻人在信息云海中运用自如。同样的，互联网时代的红利也应惠及老年人。尤其是目前使用率极高的微信，老年朋友们也应该学会使用，一句话，老年朋友也能玩转微信！下面让我们了解一下，微信具有的几大功能。

（1）**社交功能**：与亲戚朋友们聊聊家常，聊天时，还发送一些有趣的表情包来表达自己的情绪。若孩子们出门在外，可以通过朋友圈照片和心情了解孩子的近况，生日快到了也可以给孩子发个红包，家里的近况可以拍张照片，或者发个语音告诉他们。你也可以通过"搜索号码"、扫描二维码等来添加好友。

（2）**信息功能**：一些有意思的文章，不仅可以自己收藏，还能分享给好友。另外，也可以查阅别人发来的各种文件，微信支持的格式非常多，文档、照片、表格、幻灯片等，几乎涵盖了市面上所有的文档格式。

（3）**支付功能**：微信支付是集成在微信客户端的支付功能，可以通过手机完成快速的支付流程。你只需在微信中关联一张银行卡，并完成身份认证，即可将装有微信的智能手机变成一个全能钱包，之后即可购买合作商户的商品及服务，在支付时只需在自己的智能手机上输入密码，无需任何刷卡步骤即可完成支付，整个过程便捷流畅也很安全。

（4）**扫一扫**：微信里的"扫一扫"，功能非常强大，可以扫各种二维码付款，还有很多其他功能。比如寄完快递之后，快递小哥都会给我们一个回执单，上面有一个条形码和运单号。如果

♥♥♥♥♥♥♥♥♥♥ 特别提醒 ♥♥♥♥♥♥♥♥♥♥

玩转微信其实很简单，你完全可以做到不求人就能学会微信的使用方法。

打开微信，点击底部一栏中的"发现"。点击最下面的"小程序"，接着点击最上方的"放大镜"，之后在搜索栏中输入"微信使用小助手"。点击进入后，就能看到，里面几乎涵盖了微信所有操作方法。如何面对面扫二维码加朋友、如何发送语音信息、怎么建群、怎么绑定银行卡，"微信使用小助手"都用视频的形式，手把手地教你。即使看一遍没学会，你可以反复看，直到学会为止。

想要查看一下快递的物流信息的话，只要打开微信扫一扫条形码就可以快速地查看物流信息。

买东西之前，扫一下商品包装上的条形码，就会看到这个商品在网上的价格以及基本信息。看英文资料不认识单词？打开微信扫一扫并选择"翻译"，将屏幕上的小方框对准英文单词，它会自动识别单词并在屏幕上显示出该单词的中文翻译。

19. 能聊天的陪伴机器人

生活实例

▼

这是一个外形萌萌的机器人，它圆圆的脸上会闪现出两只大大的眼睛，还能在房间里走来走去。当你觉得无聊时，它会跟你谈古论今、侃大山；当你想要听音乐时，它会弹奏古今中外的曲子；当你想要听故事时，它就是故事和评书会……在家庭里，它就像是会说话的宠物狗狗或猫猫，能消除老年人生活中的孤寂感。

在家庭生活中，机器人早已不再神秘。例如，圆盘状的扫地机器人尽管还有许多地方不尽如人意，但依然能够承担起打扫客厅和卧室地面的任务。然而，与目前大部分只有单一功能的家庭服务机器人相比，陪伴机器人需要更"智能"、更有"感情"。

早在2016年末，美国就发布过一款"多用途老年人陪护机器人"，它是在日本的一种机器人基础上开发的一个定制版本。这台机器人身高与一个7岁的儿童相当，能够通过语音和面部表情识别人类的情绪并作出回应，可以在商场和家庭中为人类提供服务。在家里，这款专门为待在家里的老年人提供陪护，能够记录、分析人的面部表情，计算出心率、呼吸频率等关键生命体征。它身上还集成了自然语音处理技术，能够与老人交流，回答一些有关健康的问题。

解决情感问题是陪伴机器人所要发挥的重要作用，就如同宠物能够满足主人某些情感需求一样。在日本，一款长得如同幼年海豹一样的机器人被用于患有痴呆症的老年人群体中。当老人触碰这个机器人，它就会模仿幼年海豹发出咕咕的叫声。研究发现，这个机器人可以有效减缓被陪伴者的强烈焦虑和躁动。

当然，陪伴机器人最大的优势还在于能够一周七天、一天24小时地提供不间断的看护。在国内，已经有不少企业将目光瞄准了智能养老，并将陪护机器人作为重要载体。新的陪护机器人能够为老人提供健康监测、远程健康管理、呼叫服务、远程视频聊天等智能养老服务，可在对老人进行血压、血糖和心率等健康监测后，通过蓝牙将数据上传远程系统，让家人实时、准确监控老人的健康状况。在未来，陪伴机器人还能适应各种场景，例如智能自行轮椅、智能跌倒报警、智能医疗服务车、模块化智能家居等。

生活中，有些人用"伙伴"来形容陪伴机器人。它既是设备，又是生活伴侣。不过，最大的问题是人文上的。使用机器人来补充甚至取代人类看护人是否合乎伦理道德？不过，一项关于人类和社交机器人之间关系的临床研究初步显示，陪伴机器人能够减少老年人的孤单和孤独感。

20. 智能音箱让你想听啥就听啥

生活实例

▼

老黄是个相声迷，每天晚上，都要伴随着各位相声大师的经典段子入眠。可是，他听相声的方法却有点落伍了。隔一段时间，老黄就要从网上下载相声段子，保存在自己的U盘中，时间久了，哪些段子保存在哪个U盘里面，老黄可是忘得一干二净。再加上U盘体积小，时常遗失，这可把老黄急坏了。儿子见状，立刻给老黄订购了一个小度智能音箱，老黄学会使用后可高兴坏了，直叫好用。

从外观来看，智能音箱与普通音箱几乎没有差别，可它最大的能耐就是能听懂人话。也就是说，你想干什么，可以直接告诉它。想听歌、想听相声、想了解天气预报，只要你动动嘴就行，你在无聊时，它还能陪着你简单聊聊天。

智能音箱的功能很多，比如点播相声或歌曲、上网购物，或是查询天气预报，它也可以用语音对智能家居设备进行控制，打开窗帘、设置冰箱温度、提前开启空调等。

时下，智能音箱也已进化到 2.0 版，变身成为"可视化"智能音箱。可视化语音音箱弥补了普通智能音箱仅能聆听的缺陷，让眼睛和耳朵可以同时接收信息。一块屏幕占据了音箱大部分的面积，连接网络后，智能音箱则拥有了海量的影视资源和文化百科。

智能音箱还能玩游戏。例如，当我们说"我想猜歌名"，就能唤醒相关软件，智能音箱就会给你自动随机播放歌曲，让你猜歌名，通过语音识别来判断是否正确。趣味性十足，整个交互过程也完全流畅。当然，还有看图猜成语、诗词大会、猜地名、探索冒险等众多游戏。

在连接上智能家居系统之后，可以更直观地了解家中一切家电运行状况，使用功率、耗电量等信息一目了然，使用效率大大提升。作为电子相册，你也可以导入自己喜欢的相片，在智能音箱上浏览欣赏。

连接导航软件，你可以语音打车，告别复杂烦琐的键盘输入；接入外卖软件，你可以语音点餐，纵享张口即得的美妙快感。

智能音箱还拥有摄像头，这意味着你能方便地同家人朋友进行可视电话。你可以完全用语音拨打、接听视频电话，解放双手。即使远隔重洋，也不能阻挡你的思念之情。

应该说，有了智能音箱，不仅能给用户提供更全面的内容消费体验，也降低了老人应用智能产品的学习门槛，家中还没有智能音箱的老年朋友们值得一试。

21. 智能灯泡，开关亮暗"听"你的

生活实例

▼

老王给 7 岁孙女的房里装了个新鲜玩意儿——智能灯泡。到了晚上，只要孙女"下达命令"，随着智能灯泡变化出各种颜色，房间里瞬时就成了五光十色的天地。到了早上，孩子该起床了，智能灯泡又被模拟成太阳，宝宝几乎每天都能睡到自然醒。

家里的每一个房间都需要灯光，而且很可能不只一处，那么你们有没有想过，这灯泡也许可以不只是一只简单的灯泡，还可以结合更多的功能呢？

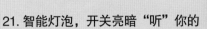

于是，智能灯泡在当今这个高科技时代应运而生，人们可以根据自身个体照明需要（如颜色、温度、亮度和方向等）来设定自己喜欢的场景和照明效果，智能手机上安装的 App 也提供了更人性化的智能控制渠道，可以营造不同的室内智能照明效果。人们可以根据各自要求、场景情况，以及对环境和生活的不同需求，模拟出各种光环境。比如，在不同的时间，不同的空间中，你的情绪一定不同，智能灯泡能够调整亮度、颜色，一定能够满足你的不同需求。

还有更智能的智能灯泡。有报道称，曾经的智能手机"领头羊"宏达国际电子股份有限公司（HTC），在 2017 年申报了一个可检测是否有人摔倒的智能灯泡专利。这款智能灯泡在技术上利用了 VR（虚拟现实）头显设备技术，同时内置可以检测物体状态的传感器。针对不同物体有回波的特性，智能灯泡能利用传感器感知出反射回来的回波判断是否有人摔倒（2014 年日本一家公司曾发明了一种新型激光雷达 LED 灯泡，也具有此功能），如果有，它接下来会可以发射可移动光束来确定人是否还活着，并将感知到的信息传入智能家居系统中来报警。家中有老人或者小孩的人，可以考虑安一个在浴室，来充当摔倒报警器。虽然功能看上去非常复杂，但从灯泡的设计图来看，该产品的形态和使用方法和普通灯泡的差距不大。这个智能灯泡是一个一体式灯泡设备，传感器也内置在灯泡内。所以和普通灯泡一样，用户只需将灯泡插入一个标准插座，再连上指定的智能家居系统就可以监测并使用了，非常简单、方便。

除了检测是否有人摔倒外，智能灯泡还能用来提醒人是否坐得太久。原理和检测是否有人摔倒是类似的，当灯泡检测到有一个人长期动作不变的待在房间里时，灯泡就会发出提醒，让房间内的用户不要长时间保持久坐，要出去活动活动。

借助智能灯泡，在下班回到家前，消费者就可以让家中先亮起来；当你想好好欣赏一部电影时，也可以提前把客厅的灯光调暗。应该说，智能灯泡，在使消费者生活更轻松方面的潜力是无限的。感兴趣的老年朋友可以依据自己的情况选购试用。

22. 智能垃圾箱巧助垃圾分类

生活实例

▼

北京的刘阿姨家小区有一套自带称重系统并能进行大数据分析的"智能垃圾箱"。居民通过刷卡、按钮、自动开箱、投放，将不同的垃圾投放至不同的箱体。垃圾箱则根据居民投放的垃圾，自动进行称重，然后换算出积分反馈到智能垃垃圾分类居民卡上。累积到一定分值后，居民可在小区的兑换机上兑换礼品。

目前，国内多个省区市都在推广垃圾分类投放，这对一些将垃圾一扔了之的广大市民来说不大习惯，智能垃圾箱的出现，让扔垃圾变成了一件有收益（兑换礼品）且"干净"的事：手放在垃圾箱上，不用接触垃圾桶，会自动感应开门，不会脏手；相比

露天的垃圾箱，智能垃圾箱也没有什么味道，不会给周边造成什么影响。

在游客云集的步行街上，"智能垃圾箱"顶部装有满溢感应装置，当垃圾存放至一定量，它就会发回信号，通知环卫工人及时清理。有的小区，原来垃圾箱房的不锈钢投放口已换成智能投放口，只有居民在指定投放时间拿着智能卡刷一下，投放口才会打开；不在指定投放时间刷卡，垃圾箱房不会"理睬"。

不少小区还引进了可"实时提现"的智能回收站。只要在微信公众号，注册了积分账户。随后，市民就可以把报纸、纸板箱、可乐瓶、旧衣服等可回收垃圾交到回收机那里。先扫一扫回收机上的二维码，待这个"大家伙"打开"肚子"之后，市民再把各种可回收垃圾扔进去。回收站回收的品种包括：饮料瓶、废旧衣物、废旧报纸、电子废弃物。居民把金属、塑料、纺织物、纸箱等垃圾投入相应的回收窗口后，内部会进行称重然后计算金额，之后就能在手机里收到环保金了。

据悉，上海市闵行区的一个小区还装有能听懂"人说话"的智能垃圾桶。只要人站在垃圾桶前，垃圾桶就会开口询问居民，请其报出门牌号，并且还会告诉居民如何进行垃圾分类，怎么样丢垃圾，等等。更让人吃惊的是，这个垃圾桶不仅能开口说话，甚至当丢垃圾的用户用普通话或方言回答它的问题时，都能听懂。

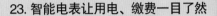

智能化设备的运用，将改变居民的垃圾投放习惯，能够让垃圾箱房从对保洁员、志愿者值守的依赖，逐渐向无人化、自助化发展，让垃圾分类充满科技感和智慧感，同时也有利于提高居民的文明行为。

23. 智能电表让用电、缴费一目了然

生活实例

▼

老魏在退休前，就是一名光荣的"抄表员"。几十年前的电表安装随意、分散。有些老式居民区，本身的构造就如同迷宫，电表更是不知装在哪个犄角旮旯的地方。在这种地方抄表，如同在一个迷宫里做解密游戏。若不是长期在这个地区抄表的抄表员，根本没办法在有限的时间里找到对应的电表。除了记录电表上的数字，电费催收、日常运维、装表接电、数据监控都是他的职责。

自 19 世纪电表诞生，抄表员这样一个平凡又关键的电力岗位也应运而生。抄表员走街串巷，因为太熟悉，他们又像是我们的家人。随着时代的发展，不知不觉间，街头巷尾已不再有他们背着工具包的身影。而如今，这些工作早已交给了电力升级改造时安装的智能电表。

智能电表是智能电网的智能终端，除了具备传统电表基本的用电计量功能外，智能电表还具有信息存储及处理、实时监测、自动控制、防窃电、多种数据传输模式的双向数据通信等功能，支持双向计量、阶梯电价、分时电价、峰谷电价等实际需要，也是实现分布式电源计量、双向互动服务、智能家居、智能小区的技术基础。

成千上万的电量数据，不需要人到现场，经由智能电表、采集器、集中器等设备，通过电力光纤、无线微波、485 线等介质，远程发送到电力公司的采集系统。谁家在哪个月用了多少电量，只需登陆电力公司的信息采集系统，轻轻一点，就一目了然。以前 10 个抄表员要抄大半个月，现在每个月底只要 1 小时就能自动搞定。

近年来，上海在远程集中抄表的基础上更进一步。在全国首次试点水、电、气"三表"远程自动抄表。居民足不出户即可实时查询水、电、气抄表数据并进行账单缴费，真是越来越便利了！

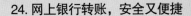

特别提醒

有老年朋友问，智能电表是否比传统电表"走得更快"？答案当然不是！

电表是国家规定的强制检定计量器具，一只电表从生产到安装入户，经过生产厂家出厂自检、法定授权计量检定机构强制检定以及国家计量监督管理部门进行抽检，前后要经历三个环节，其中任何一个环节不合格都不可能安装入户，所以电能表是不可能被蓄意加速的。传统的机械电表外表笨重，只有统计电量的功能，容易损坏，还受环境的影响计费不稳定，微小电量感觉不到。而智能电能表却能精准地检测到并计费，正因为智能电能表灵敏度更高，计量更为精准，才给大家造成走得快的错觉。

24. 网上银行转账，安全又便捷

如今，网上支付手段已经多种多样。不过总的来说，按照渠道可分为网上银行支付和非银行类网上支付，前者如中国工商

生活实例

▼

现在科创板股票开通后牛气冲天，赵阿姨退休后在朋友的帮助下开通了自己的股票账号。但听说资金需要从网上银行转到股票的账户，赵阿姨犯了难："这网上银行转账安全吗？"

银行、中国建设银行、中国银行等银行的网上银行，各家银行也都有自己的网站和手机 App，你可以通过你喜欢的方式来使用网银；后者如支付宝、微信等，这些也就是我们常说的第三方支付机构。

目前，网上银行主要有以下五大功能。①账户信息查询和维护：是网上银行的一项基本功能。目前，各家银行的网银都可以清晰准确地列出用户项下的账户余额、账户明细情况，账户挂失也可通过网银进行。这两项服务也是用户使用最多的功能。②账户转账：包括行内同城转账以及异地汇款。在外工作的子女给父母汇款或者父母给外地上学的子女邮寄生活费等，通过这项功能就可轻松实现，跨行转账同样也很方便，可能要收取部分手续费。③代缴费：主要指水、电、煤气和电话费的缴纳，以及手机卡充值等。缴费时，用户只要登录网上银行的在线缴费系统，输入水、电、煤气、电话费单的用户号，授权银行自动代扣代缴后，选择资金划出账号即可进行缴纳。④投资理财：是指在网上通过银行进行银证转账、购买基金、购买债券、购买纸黄金等业务。目前大部分银行都开通了上述业务，客户在其柜台开设相应账户并进行网上银行签约注册后即可进行查询、买卖。⑤信用卡管理：银行信用卡账户的开卡、信用卡消费账单查询、消费积分查询，客户通过此功能可轻松自助完成信用卡的消费还款。

网上银行固然便捷，可是你在使用时也务必要多长一个心眼，以免自己的财产受到损失。学会以下几点，你可以安心地使用自己的网上银行。

（1）**正确登录银行网站**：直接在浏览器中输入银行的正规网站地址或者通过网银助手、U盾、安全控件安装、安全设置等进入网站页面，进行网银登录。不要通过其他网站链接访问网银网站，以免进入钓鱼网站被骗。

（2）**设置复杂的密码**：网上银行密码不要采取简单数字排列、生日、电话号码等，并将网银密码与其他用途的密码区分开，不要轻意向其他人透露账号和密码，不要相信任何通过电子邮件、短信、电话等方式索要账号和密码的行为。

（3）**定期查询账户余额和明细**：如发现异常交易或账务差错，应及时与银行联系。

（4）**确保电脑或者手机安全**：定期更新杀毒软件，防范电脑和手机受到恶意攻击或病毒的侵害。不要在公共场所（如网吧）使用网上银行，完成网银业务或中途离开时，要及时退出网银页面为好。

25. 老年朋友如何及时收发快递

生活实例

▼

　　家里附近新开了一家水果超市，喜欢吃水果的宋老伯真是喜笑颜开。用老宋的话来说，"这家水果超市现在已经成为我家的冰箱了！"老宋不仅常常去店内消费，时常还用快递给远在山东的朋友们寄水果，真是拉近了亲朋好友的关系。

　　快递车开进田间地头，农产品出山通道更畅通；生鲜蔬果半小时送达，居民日常生活有了贴心帮手；收寄快递位置实时查询，物流信息尽在掌握……快递业的快速发展不仅让商品流通开进了快车道，更织起一张连接千家万户的物流网络！因此，老年朋友们只要学会使用快递公司的 App，收发快递都能够"一手掌握"！

以支付宝为例。打开支付宝上的"我的快递"，取件、寄件非常方便。点击后，会出现快递员上门和用户自寄的选项。如果你选择"用户自寄"，需要把物品拿去附近的快递营业点。选择"快递员上门"，系统则会在 1～2 小时内指派快递员上门取件。

选择完毕后，你需要详细地分别输入寄件人和收件人的信息，包括姓名、电话、地址等。如果你经常发送快递，还可以将地址信息存入 App 中的地址簿，今后可以随时调取。

可以选择发件方付款，或者"到付"，即收件方付款。如果是贵重物品，一定要记得投保险，以免财产受到损失。

寄出快递后，就可以在 App 上实时查询快件已经到了什么地方，预计还有多久抵达目的地。

寄快递很方便，收快递也同样便捷。通过 App 能够查询到包裹所在位置，由哪位送货员配送，以及送货员的电话。即使你不方便收货，也可以在 App 中设置收货时间，或者跟送货员协商具体的收货时间。在这里还要给你提个醒，快递送来的包裹一定要当着送货员的面验收，检查一下运送物品的包装盒是否完好。打开包装后，看看里面的物品是否破损、残缺。在确认无误的情况下，最后再签字收货。

♥♥♥♥♥♥♥♥♥ 特别提醒 ♥♥♥♥♥♥♥♥♥

当然，也不是所有物品都能快递，以下三大类物品就被禁止快递。①危害国家安全、扰乱社会秩序、破坏社会稳定的各类物品；②危及寄递安全的爆炸性、易燃性、腐蚀性、毒害性、感染性、放射性等各类物品；③法律、行政法规以及国务院和国务院有关部门规定禁止寄递的其他物品。如果你不清楚，也可以在 App 中输入你要寄的货品，查询是否符合规定。

为方便用户接收快递，快递物流公司纷纷在小区门口、办公楼、校园等地方设置智能快递柜如丰巢。用户接收到含有开柜密码的短信后，在一段时间内输入密码，就可以随时取走自己的快递，解决了配送时无人收货的难题。

26. 智能翻译机助你游遍全球

生活实例

▼

出国旅行，是老梁一直以来的梦寐以求的事情。无论是去看一看典雅悠扬的英国钟楼，或者在西班牙品尝一次正宗的红酒配火腿，还是去银光漫洒的悉尼歌剧院，异国风情的诸多世界级旅游名胜，都让他心生向往。通过旅游网站看了半天，老梁却犯了难。"跟团游倒是省心，可日程安排得太紧张，老年人有点吃不消。自由行也挺好的，就是语言不通，出国岂不是变成了'哑巴'？"儿子在一旁笑道："老爸，如今的智能翻译机，可是能包打天下哟，特别适合你这样的旅行者。"

退休后有了大把的时间，正好可以出国旅游，出国旅游正好用上翻译机。目前市面上的"智能翻译机"，主要有两类：一种是手机应用App，另一种是实体的"翻译机"，两者的功能大致相同。

智能翻译机反应速度相当迅速和准确，达到了松开按键即翻译完成的程度，基本达到了"即时翻译"程度。绝大多数"智能翻译机"支持中文与全球主要语言的即时互译，语音翻译水平达到英语专业八级。同时为了应对境外网络状态不好的问题，能够实现离线语音翻译。

还有，遇到不认识的文字怎么办？拍下来就能翻译！在拍照完成后，仅仅只需要等待2秒左右就能完成所拍摄内容的翻译（具体时间取决于网络质量和文字内容多少）。

普通话不准也没有关系，粤语、四川话、东北话、上海话与英语的翻译也能达到"对答如流"的水平。由于有大数据的支撑，即使是一些专业术语，比如医学、建筑、法律、金融等专科，"智能翻译机"也是随说随翻。

除了这些常规功能，"智能翻译机"也是十八般武艺样样精通。

比如举一反三的学习系统。以"漂亮"为例，当用户对"智能翻译机"说中文时，它会优先翻译出"beautiful"，并为用户提供词汇发音以及对应的词典释义。除此之外，翻译机的智能推荐系统也会自动为用户提供与所查询词汇情感、释义相近的词汇，如"pretty"等，方便用户连带记忆。同样，当用户用英文表达时，智能翻译机也能提供该词汇的发音、释义以及中文翻译。

说一口中文就能走遍全世界，你的环游世界梦，是否也快实现了呢？

♥♥♥♥♥♥♥♥♥♥ 特别提醒 ♥♥♥♥♥♥♥♥♥♥

目前国内上市的"智能翻译机"中，大多价格偏高。在京东和天猫上搜索"智能翻译机"，发现这些产品都是口袋大小，外观上大同小异，可实现多语种间的互译，还能离线使用，价格集中在 600～3 000 元。有旅行社人士表示，对于一年只出游少数几次的旅客，可能会更青睐租赁"智能翻译机"，有不少在线旅游平台推出"智能翻译机"租赁服务，价格不等，老年朋友们可酌情选用。

27. 老年朋友如何用支付宝网购

现如今，网购可不再是年轻人的专利。老年人也可以轻松愉快地在网上各大购物平台挑选自己喜欢的商品。随着智能手机和

生活实例

▼

　　吴女士很善于接受新鲜事物，受女儿和其他年轻人的影响，早在 2014 年，她就注册了一家购物网站的账号，开始尝试网购。现在，网购已成为她生活的一部分，一有空就会到购物平台逛一逛，看见喜欢或者需要的东西下单购买，每个月网购消费少则几百元，多则几千元。"网上的商品很丰富，而且有不少新奇、潮流的东西，这在实体店很难见到。"吴女士说，网购不仅给她带来了便利，还开阔了视野，增长了见识。

　　移动支付方式的普及，老年群体也紧跟上互联网时代，一些人逐渐形成了网购习惯。为了方便老年人付款，一些购物网站还推出了亲情账号，老爸老妈的账号能够和子女相连，爸爸妈妈看好商品下单，能够直接让孩子来买单。

　　在网购中，支付宝的在线付款是相对便利、安全的支付方式。支付宝是一个第三方的支付机构，当你选购完商品付款后，款项并没有直接给商家，而是到了支付宝的平台。当商家给你发货，你收到并确认无误时，支付宝平台才会将货款打入商家的账号。这种较公平的方式，保护了买家和卖家双方的权益。

（1）如何从零开始使用支付宝

1）注册：支付宝就像是一个虚拟钱包，只有注册，你才可以使用这个"钱包"。登录支付宝网站，可选择"手机注册"或"邮箱注册"的方式。推荐使用手机号码注册，如今的手机号码都是实名制的，一个号码对应一个人，一般不会忘记。

填写手机号码、登录密码和真实姓名。输入手机号码，手机将收到一串数字验证码，需要将这串数字输进页面上"校验码"的框格。注册时，会要求填入个人身份证号及银行卡卡号。

值得注意的是，在注册时要填两个密码，一个是登录密码，即以后登录支付宝时需要用到。最好是设置得复杂些，用英语字

母＋数字的形式。另一个是支付密码，这是在日后购物后付款时需要用到的，一般为六位数。在设置密码时，也尽量不要用自己或者家人的生日。

2）关联银行卡：注册成功后，进入"我的支付宝"界面以后，有很多功能可以使用，你可以一一试试。比如支付"水、电、煤"的账单、网上挂号、网上叫车，外卖服务，等等。

但"钱包"里要有钱才能购物，因此要给支付宝开通支付功能。"快捷支付"功能是一个不错的选择，每次交易的限额为500元，相对安全。点击进入"快捷支付"页面，按提示输入银行卡、身份证、手机号等信息即可。将银行卡与支付宝相关联后，你就随时可以开始享受网上购物的乐趣。

3）付款：在购物网站买完商品后，进入"填写并核对订单信息"页面。在这里，需要填写收货人的信息、支付及配送方式、发票信息，并核实商品清单。只要选择在线支付，即可选择支付宝的快捷支付功能进行支付。输入支付宝账号及支付密码，出现付款成功的页面就完成了付款。但要注意的是，并不是所有购物网站都支持支付宝功能。

（2）网上购物老年人需要注意些什么呢？会不会有陷阱

1）选择信用等级高的网店商家：打开网店的网页后，我们可以查看这家网店的信用级别，信用度高、信用评级好的网店才是我们要选择的，从这些信用评价我们可以看出这家店的商品和服务质量。

2）仔细选择商品：选择完店家后并不是说一定要买这家店的商品，有可能这家店的信用好，但是它的某个商品质量比其他的要差一些，我们要仔细地查看商品详情介绍，还要查看买家对此商品的评价、打分情况，分数越高就代表商品质量越好，图片与实物差距越小。

3）最好选择用支付宝来支付，这样会比较安全。

4）收到货物后要当面打开检查：在签收之前，我们可以检查我们的商品，在确认完好无误后再签字，如果商品出现错误或者有破损，我们有权要求卖家退货或者换货。

5）不要贪小便宜：网购的商品也有很多是假冒伪劣产品，特别是价格便宜的，如果网络上的价格与市面上的价格相差太大，最好还是不要买，因为那极有可能是假冒品。同时，如果是初学者，网购最好从小件的物品开始，比如像日用品、小配件之类的商品。

❤❤❤❤❤❤❤❤❤❤ **特别提醒** ❤❤❤❤❤❤❤❤❤❤

支付宝方便快捷，但建议老人开始学习网购时，尽量选择货到付款，在开始使用支付宝等网上支付手段时，最好在熟悉操作程序的子女或朋友指导下进行，并记录下来。时间长以后有经验了，就可以独立操作了。

28. 用手机点外卖，在家尽享全球美食

生活实例

▼

刚来上海工作的加拿大小伙迈克最近学了一句地道中文——民以食为天。每天最开心的事儿，就是拿着手机点外卖。无论是中式餐点、日式寿司还是西式牛排，没有点不到的。而且不需要出门，就能享尽全世界的美食。迈克说："原来在加拿大的时候点一份比萨要一个多小时才能到，但是我在中国点一份我想吃的菜，通常只需要20分钟，我还能在手机上看到我的菜离我有多远，非常方便。不管外面天气多糟糕，外卖几乎都很准时，保证按时送达，这在加拿大几乎是不可想象的。"更重要的是，迈克的中文还不太流利，手机点餐给他这样的外国人提供了极大的便利。

你一定也被如此丰富的美食吸引了吧！那么如何像迈克那样点外卖呢？

打开手机中某一个外卖的App，如饿了么、美团外卖、大众

点评等，点击进入后能看到商家为你提供的各种服务，比如美食、卖场便利、水果、跑腿代购、送药上门等。

选择食品，就能看到许许多多的饭店。你可以根据面点、粥饭、比萨、简餐来进行检索，也可以通过距离和销量来判断哪家更适合你。

当你选择好商家后，就可以进行点菜。想吃什么，就点击该菜品右侧的"+"号，添加至购物篮。查看你的购物篮里都有什么，如果够了，就点击右下角的"去结算"，跳转到结算界面。

检查一下你的菜品是否正确，数量是不是正确的，填写你的地址，然后选择支付方式，可以选择支付宝、微信以及银行卡网上付款，都没问题了就点击"确认支付"。

支付成功以后就等待商家接单、备货，不用多久，外卖骑手就能将餐食送来。

用完餐后，你也别忘了根据满意度分别为商家与送餐的骑手打分。

当然，老年朋友点外卖也要讲究饮食健康，一定要学会"挑三拣四"：

要选择种类较多的外卖食品，最好选择包含蔬菜和水果较丰富的外卖，尤其要避免那种只有淀粉，鱼、肉、蛋、奶、蔬菜都很少的外卖品种。

选择"轻口味"的外卖食品，避免高盐、高脂食品。

当然，不要经常点外卖，每天吃一餐外卖，其余两餐应自己做。特别注意弥补外卖里没有的新鲜蔬果、全谷杂粮、奶类、坚果类等食品，比如早上吃燕麦片，晚上吃杂粮粥；早上喝牛奶豆浆，晚上吃很多绿叶菜。同时注意在家烹调时少放盐，解决外卖食品过咸、盐摄入容易超标的问题。

29. 移动支付不必带现金

生活实例

▼

小区门口新开了一家糕团店，门口排起了长队。原来是商家做活动，只要用手机扫码付款，就能够打一折！很多老人在确认该活动后，都拿出手机进行扫码支付。排在队首的陆大爷说："现在社会上都讲究用手机付款，用多少钱扫一下，一目了然。年纪大了，有时候出门买东西好几次都忘了带钱包，而且为了在付款的时候节省时间还要备一些零钱，前几个月我让孩子们也给我手机上装了支付宝，现在出门根本不用带钱包，特别方便。"

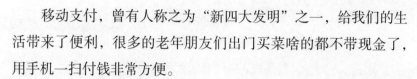

　　移动支付，曾有人称之为"新四大发明"之一，给我们的生活带来了便利，很多的老年朋友们出门买菜啥的都不带现金了，用手机一扫付钱非常方便。

　　目前，主流的移动支付 App 主要有三种。①支付宝：作为国内移动支付第三方平台的龙头老大，支付宝集合了生活中几乎所有可以移动支付的场景，如政务、社保、医疗、交通、教育、旅游、消费等。②微信：微信支付是近年随着移动社交平台微信兴起而出现的支付方式，而微信又依靠着社交老大——腾讯的用户，群众基础非常广泛。③云闪付：云闪付 App 于 2017 年正式发布，是一个年轻的移动交易结算工具。它是在中国人民银行的指导下，由中国银联携手各商业银行、支付机构等产业各方共同开发建设、共同维护运营的移动支付 App。作为银行业统一的 App，"云闪付" App 拥有强大的跨行银行卡管理服务，目前云闪付 App 已支持国内所有银联卡的绑定。

　　移动支付不仅提高了支付速度，同时也减少了找零、避免出现假币的矛盾。你一定想问，移动支付那么方便，那到底真的安全吗？应该说，支付安全主要基于以下三个方面。

　　第一，国家提供网络安全、支付安全等法律体系、技术体系的"公共品"。这是任何个人或企业无法替代的，我国目前也正在积极地完善网络安全的相关法律。

　　第二，企业或行业自律。尤其是不能因为商业利益而侵犯消费者的隐私，这是违背法律和商业道德的。不断提升移动支付安全的技术，也是企业保持竞争力、取信于消费者的需要。

第三，依靠个人良好的习惯。设置完善的支付密码、定期更换密码，不扫来路不明的支付二维码等。当然，还是要记住"天上不可能掉馅饼"，不要轻信一些陌生人，随意支付与转账。老年人如果在付款中遇到问题，一定要及时询问子女或身边人。

♥♥♥♥♥♥♥♥♥♥♥ 特别提醒 ♥♥♥♥♥♥♥♥♥♥♥

移动支付最终会完全取代传统的支付方式吗？应该是不会的。因为便捷性等原因，会有越来越多人青睐移动支付。移动支付必然在很大程度上替代现金支付。但是现金支付未必会消亡，现金支付在未来会成为一种补充。

手机支付的优势是便捷性，省却了携带现金的不安全性等，从整个社会而言，节约了印钞、运输、安保等交易成本，总体来说利大于弊。但目前由于法律、技术等原因，安全和隐私保护还不能做到尽善尽美。使用现金对相当一部分人群来说，还存在"落袋为安"的偏好。有人开玩笑说，千万不能剥夺了他们这代人数钱的快乐，说的就是这种偏好。

30. 移动支付靠"刷脸"

生活实例

▼

日前，很多大型超市都开辟了自助买单区，几台一人高的大屏幕很显眼地立在人工通道旁，"欢迎使用刷脸支付"几个字非常醒目。无需打开付款码，甚至不用拿出手机，只要将自己的脸对准机器上的摄像头，就能"刷脸支付"。

刷脸支付，你尝试过吗？

移动支付刚刚普及，支付宝、微信等手机App的"刷脸支付"就再度吸引了人们的眼球，人们不得不感叹科技的发展。别人还在人工通道排队，你已经刷完脸付完款走出了超市。在一些智慧酒店，客人入住也只要刷脸。快递业推出了刷脸取包裹不用带任何证件，更不用等待，一键扫脸就可以取包裹。是不是觉得很神奇呢？

刷脸支付的原理是人脸识别技术，通过AI（人工智能）识别的方式进行识别，结合生物识别技术和图形数据处理技术，可以分为人脸图像采集及检测、预处理、特征提取以及匹配与识别。

人脸图像采集即通过摄像头采集人像，比如静态图像、动态图像、不同的位置、不同表情等。人脸图像中包含的模式特征十分丰富，如直方图特征、结构特征、颜色特征等。

人脸检测就是把这其中有用的信息挑出来，并利用这些特征实现人脸检测。当用户进入采集设备的拍摄范围内时，采集设备会自动搜索并拍摄用户的人脸图像。人脸检测即在图像中准确标定出人脸的位置和大小。

人脸图像特征提取是对人脸进行特征建模的过程。人脸识别系统可使用的特征通常分为多个特征，至于人脸特征提取的方法归纳起来分为两大类：一种是基于几何特征的方法和模板匹配法；另外一种根据人脸器官的形状描述以及他们之间的距离特性来判断。

人脸匹配与识别是把提取的人脸图像的特征数据与数据库中存储的特征模板进行搜索匹配，最终把匹配得到的结果输出。

当下，不仅仅是微信、支付宝，各大银行也在推出刷脸支付方式，比如农业银行、建设银行，以后大家都不需要带着卡去自动取款机上取钱，刷脸取钱让取钱变得更加安全、便利和快速。

有车的朋友应该知道，有些省份 ETC 和银联云闪付、支付宝、微信合作，收费站的摄像头识别车牌号，银联云闪付、支付宝、微信就会自动扣款，其实，这也是一种"刷脸支付"呀！

四

精准新医疗

31. 网上预约挂号，专家门诊清晰明了

生活实例

▼

"我们一大早就来了，就怕挂不上号！""排了大半天队，医生说没号了。"周一一大早，第一人民医院挂号窗口前人头攒动。人群中，老年人占据了非常高的比例。"网络挂号？我不会，我都是一大早来医院排队的。"来自虹口区的许先生说，"网上挂号、手机挂号我都听说过，但是不太会用。子女不在身边，也不好意思麻烦他们。"

事实上，由于行动不便、接受新事物能力差等原因，不少老年患者不会操作电脑、智能手机，他们依然倾向传统窗口的现场挂号。但是，大型三甲医院和知名医院的现场挂号人数众多，为了一个专家号，甚至凌晨就要排队，非常不便。

（1）网上挂号的途径很多，以上海为例，市民预约专家号的主要途径如下。

1）上海市卫生健康委员会的"上海健康云"App、申康医

联预约平台 App，点击"预约挂号"选择所需预约的医生、科室及专家即可快速挂号，目前，"上海健康云"、申康医联预约平台 App 已基本汇集本市所有三级、二级医院的统一号源池。

2）大部分医疗机构的官方微信号上有预约平台。

3）与各医疗机构有签约合作的第三方预约挂号平台，如微医、好大夫在线、搜医网等，专家门诊和普通门诊基本上都可以预约到。

（2）预约挂号的流程也非常简单。登录以上网站后，先在网站上点击注册，进入注册界面，注意注册时，身份证要填写病人的身份证号，填写完成后点立即注册。然后就是对号入座，根据科室、病情找到对应的挂号预约的医生。页面中会显示科室里

♥♥♥♥♥♥♥♥♥ 特别提醒 ♥♥♥♥♥♥♥♥♥

当然，网上挂号也会存在一些弊端。由于没有了"导医台"的服务，不少患者可能无法准确地进行挂号，导致治疗效率低，可以提前打医院的预约电话咨询清楚。同时，为提高预约号源的利用率，遏制"黄牛"恶意抢占号源的行为，提醒预约就诊者一旦预约成功后应按时就诊，如不能按约就诊，又没有按要求提前取消预约，将被视为违约。3 个月内累计违约 3 次，将被列入违约名单。

每个医生的详细信息和门诊时间。根据时间进度表预约合适的时间，网上挂号就完成了。

所以，今后看病，只要不是急病重病，或者是外地患者，大可不必一大早就去医院排队，可以先通过各个平台看下自己想挂的号是否可以进行网上预约，再根据预约时间段前往医院，省时又省力。

32. 远程会诊，互联网医疗不仅仅是挂号

生活实例

▼

7岁的杰杰发热了，没有感冒症状。父母开车送她去了70千米外的人民医院，挂了一天的吊针，热退了。没想到第二天上学时，孩子突然抽搐了，送到医院后，医生初步怀疑是病毒性脑炎。孩子一直在发热，而且频繁抽搐，病情发展如此之快，医院好多年没有遇到过类似患者。医生告诉杰杰父母，转院的风险非常大，可以试一下远程会诊。

远程会诊联系到的是上海市儿童医院的专家。两地医生通过详细的病情沟通，制订治疗方案。接下来的几天，杰杰没再出现大的抽搐。第二次远程会诊对用药方案做了细致调整，12 天后，杰杰醒了！第三次远程视频时，上海的专家对杰杰进行了康复训练指导，之后，杰杰不仅能说话了，还恢复了正常活动。

事实上，远程会诊并非一个新概念，美国在远程医疗方面的应用已有几十年了，很多大型公司早已开始在远程医疗领域布局，为大型医院、诊所、养老中心等提供全面、整体的远程解决方案。在社会需求和互联网技术的冲击下，国内远程医疗逐步走进公众视野。

所谓远程会诊，是指依托现代信息技术，构建网络化信息平台，联通不同地区的医疗机构与患者，进行跨机构、跨地域的医疗诊治与医学专业交流等的医疗活动。

远程医疗平台，不仅可以实现异地患者与平台上的互联网医生进行"一对一"图文、电话、视频等方式的互动问诊，还可以实现平台内的多方联合会诊。对有需要到实体医院就诊的患者，根据其病情轻重还可以通过平台进行精准转诊。互联网＋医疗，让全国尤其是偏远地区老百姓也能获得优质医疗服务。

由此可见，利用互联网、大数据等手段，在恰当的场合和家庭的医疗保健中使用远程医疗，可以极大地降低运送病人的时间和成本，还可以良好地管理和分配偏远地区的紧急医疗服务。未来，相关技术一旦发展成熟，在非紧急远程医疗服务或慢性疾病随访过程中，患者不必再跑到社区医院或大医院来，通过远程监测设备，实施监测血压、血糖、血氧、体温等指标，这些数据通过远程医疗平台实时上传，医院的医生可监测这些数据，用于及时调整患者用药或治疗。

特别提醒

当然，远程医疗也是有前提条件的。互联网诊疗模式目前仅限于部分常见病的复诊，即病人初诊一定要前往医院见医生。医生了解患者病情、掌握患者病历资料后，才可以通过互联网平台开展复诊或随访。病人初诊如果通过互联网视频方式是不妥当的，因为病人自身描述病情并不专业，医生也难以获悉病人的相关生命体征，而且目前国家并不允许利用互联网平台进行初诊。

33. 什么是达·芬奇机器人

大名鼎鼎的《蒙娜丽莎的微笑》这幅画你一定知道，作为达·芬奇的经典代表作品，这幅画一直被挂在法国卢浮宫内展出，每天都有世界各地的游客慕名前来驻足欣赏。事实上，达·芬奇的天分不仅仅在于绘画领域，他学识渊博、多才多艺，是一个博学者：在音乐、建筑、数学、几何学、物理学、光学、力学、发明、土木工程等领域都有显著的成就。

他全部的科研成果保存在他的手稿中，大约有 15 000 页，而其中就有关于机器人的设计，据说后世有研究者依照达·芬奇的原始设计，生产出来了有复杂功能的机器人。当然，这只是一个美丽"传说"。

达·芬奇虽然是 15 世纪的伟人，但他至今仍在方方面面影响着我们。由于现代外科手术的复杂性，医生在手术台上有可能要与病魔搏斗近十个小时，对医生的能力与体力都是挑战。这个令人揪心的问题早已得到科学家的关注。如今，医疗机器人早已走上历史的舞台，站在镁光灯下。

1999 年开始推出的医疗机器人就以达·芬奇的名字命名，称达·芬奇手术系统。2000 年 6 月德国法兰克福大学医院泌尿外科医生利用达·芬奇手术系统完成世界上首例完全在内镜监视下进行的前列腺切除根治术。2000 年 7 月 FDA（美国食品药品监督管理局）正式批准达·芬奇手术系统可以在腹腔镜手术中使用，达·芬奇手术系统就成为美国第一个允许在临床环境中合法使用的商品化手术机器人。

达·芬奇手术机器人是现代自动机械技术、远程通信和计算机操控技术相互融合的结晶，是一个系统，主要由医生控制台、装有机械臂的操作台和监视成像系统 3 个部分组成。控制台装有三维视觉系统和动作定向系统，由计算机系统、手术操作监视器、机器人控制监视器、操作手柄和输入输出设备等组成。手

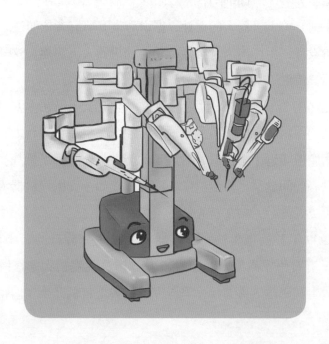

术时外科医生可坐在远离手术台的控制台前，头靠在视野框上，双眼接受来自不同摄像机的完整图像，共同合成术野的三维立体图。医生双手控制操作杆，手部动作传达到机械臂的尖端，完成手术操作，从而增加操作的精确性和平稳性。

达·芬奇手术机器人系统有以下很多优点：

对于外科医生而言，使用机器人后，坐着就可以完成手术，不易疲乏，可以更轻松地完成长时间高难度手术，也避免了因为长期手术导致的疲倦和手腕颤抖。

机器人没有感情，也避免了人类心情、情感因素对手术的影响。

机器人的三维成像系统，使手术变得容易。机器人医生的学习曲线短，让每一名医生都能迅速掌握。

灵活的内腕系统，某些方面甚至超过人手，可以完成腹腔镜所不能完成的动作，甚至可以完成人手所不能完成的生理曲度；可以连续完成精密动作而不会产生失误。能精准到什么程度？有一个手术机器人"徒手"用手术线缝合切开一半的葡萄的葡萄皮的视频，机器人能够在非常小的区域进行准确的切割。

由于手术时间缩短，术后感染概率也会变小。

值得一提的是，达·芬奇手术机器人的应用范围非常广，它的系统可以用于对成人和儿童的普通外科、胸外科、泌尿外科、妇产科、头颈外科以及心脏手术。

因此，正是因为上面这些优点，我国已经引进了数十台"达·芬奇"手术机器人，广泛应用于各科手术中。但该系统非常昂贵，每台价值达数千万元人民币。

♥♥♥♥♥♥♥♥♥♥ **特别提醒** ♥♥♥♥♥♥♥♥♥♥

达·芬奇手术机器人并非自动或按照预先设置的程序进行手术，而是由医生通过操作台，在 3D 高清影像监视下对机械臂进行控制，从而完成手术的每一个动作。手术准备工作就绪后，一台达·芬奇机器人被放在病人身边，医生就坐在几米外的操控台操作。

在手术过程中，达·芬奇手术机器人为医生提供宽阔视野和准确、灵活的控制能力，能够清楚呈现组织、器官的解剖构造和神经血管束的走向，精细的分离有利于淋巴结的清扫，并进行准确的缝合。在处理细微和复杂性组织时，达·芬奇手术机器人能 720° 旋转操作，视野精准等优点得到了有效发挥。

34. 胶囊胃镜检查安全吗

"嫂嫂，我在你肚子里呢！我把你肚子里可看得清清楚楚！"这段《西游记》里的经典对话，你一定记忆犹新吧。美猴王孙悟空为了借到铁扇公主的芭蕉扇，精心策划出这一幕。而要把肚子里的事情看得清清楚楚，这一神话故事中的想象，在当今可不是什么新鲜事儿。

作为胃部疾病筛查的重要工具，胃镜检查是世界公认的诊断食管、胃、十二指肠疾病的金标准，是医学上非常重要的一项检查。尤其对于胃部的早期癌变的筛查，胃镜可谓是医生手中的神器。然而，由于做胃镜的过程不是那么舒适，甚至被一些体验过的人描述为"苦不堪言"。

2000年，以色列科学家发明出胶囊胃镜，此举为胃肠部位检查提供了全新的思路。通俗地说，就是让患者口服智能胶囊，胶囊中有微型照相机，通过消化道的蠕动使胶囊在消化道内运动并拍摄图像，从而对疾病做出诊断。与传统胃镜相比，胶囊胃镜的确舒适许多，且操作简单。然而，由于消化道充满液体，胶囊胃镜消化道移动受限，非常难控制，检查的角度受限，检查效果势必会受到很大的局限。

经过多年的发展，当今的胶囊胃镜技术含量更高。用"麻雀虽小，五脏俱全"来形容一点都不为过。小小的身躯里集成了磁控技术、光电技术和无线传输技术等高科技专利，拥有几百个元器件。

　　一套完整的胶囊胃镜检查设备，由磁场控制设备、胶囊内镜、便携记录仪、胶囊定位器四种硬件设备组成。磁场控制采用磁场以及感应等原理，跟吞服的胶囊产生联动，再通过控制台来控制胶囊在体内的运动轨迹，图像直接呈现在显示屏上面，并实时保存数据。

胶囊的尺寸比普通的感冒胶囊稍微大一些，基本不会出现吞服困难的情况。另外，高清摄像头配合自动曝光控制，以确保图像明亮、清晰，呈现出大视野的临床图像，为诊断提供精准的图像数据。

便携记录仪能够同步传输和记录胶囊传回的数据，胶囊定位器有点像缩小版的安检人员使用的手动检测仪，放在身体上面来扫描胶囊是在体内还是已经排出，可以让受检者放心检测。

整个检查过程中，医师推动操控杆，利用磁控技术，调整胶囊的姿势和角度，可以对胃部的细节观察、拍照。约经过15分钟即可拍摄数千张照片，检查结束后，胶囊机器人沿消化道被排出，应该说是非常安全的。

♥♥♥♥♥♥♥♥♥♥♥ 特别提醒 ♥♥♥♥♥♥♥♥♥♥♥

目前，胶囊胃镜暂时还无法全面取代传统胃镜，其中最重要的一个原因就是胶囊胃镜不能进行病理分析，胶囊胃镜承担的角色只是胃部疾病的初步筛查以及传统胃镜的一个补充。此外，由于检查费用比较高，也限制了胶囊胃镜的普及。因此，大家做检查之前，还是应该听从医生的建议。

35. 医疗智能手环，戴在身上的家庭医生

生活实例

▼

恰逢父亲节，儿子送给老黄一个时尚配件——智能手环。"戴在手上既新潮，又能当手表看时间，随时查看天气预报，最重要的随时能掌握自己的身体情况。"老黄给邻居们介绍起来头头是道，整个人也显得活力倍增。

智能手环是近几年兴起的物品，有些人对它的认知还停留在计步的阶段，其实它的功能远比我们想象的要多。小巧玲珑，便于携带。不同颜色的智能手环戴在手腕上，彰显出每个人不同的个性，还能满足我们生活上多方面的需求。

的确，智能手环最基本的功能就是计步和追踪睡眠质量。手环里内置的三轴加速度传感器通过捕捉到手环在使用中的加速度变化，从而生成数据。使用各种算法和科学缜密的逻辑运算，最终将这些数据转变成手表 App 端的可读数字：步数、距离、消耗

的热量（卡路里数值）等。

平时运动少的使用者，智能手环能够帮助你设定运动计划，例如设定 8 小时内完成步行 1 万步、1 小时奔跑 5 千米等。智能手环也能侦测到你在办公室工作长期坐着不动，并会提醒你做一些简单的运动，舒筋活络一下。输入你性别、年龄、身高、体重后，智能手环还能根据你的活动强度和时间，来精确地计算消耗的热量，更有助于热衷减肥的老年朋友。

同样的道理，智能手环在你睡眠的时候，根据手腕的动作幅度和频率来衡量睡眠的质量。智能手环中的体动记录仪可以检测微小运动，来确定我们是否处于清醒、浅度睡眠还是深度睡眠中。

当然，随着科技的日新月异，现在的智能手环功能越来越多。①定位功能：佩戴者的所在位置能够显示在子女的手机上，防止老人走失。②支付功能：绑定手机支付，在乘坐公交车、地铁以及商店付款时，无需拿出钱包、手机，只要抬起手腕刷一下智能手环，就能完成付款。③心率监测：日常生活中，可以监测自己的心率。在运动前设置自己的心率范围，在运动过程中，心率超过设定的合理区间则自动提醒，这样还可以确保运动的高效和我们自身的安全。

智能手环更像是我们健康的监督官，能时刻提醒你关注自己的身体状态，督促你多做运动、合理饮食、注意睡眠。今后，会有更多的功能与智能手环结合，为我们的生活提供更大的便利。

▼▼▼▼▼▼▼▼▼▼▼ **特别提醒** ▼▼▼▼▼▼▼▼▼▼▼

如何选购一款合适自己的手环呢？下面有几个参考标准。一是要能防水。日常生活中手上会出汗，智能手环最好有防水功能，这样戴在手上就不怕出汗了，游泳、洗澡时也能直接戴在手上。二是要有监测心率和步数的功能，这有利于运动中监测身体的状况。三是最好配备有电话、微信及来电提醒、手机寻回、久坐提醒等功能，这样日常生活更方便。

36. 社区智能日间照料，"空巢"变"暖巢"

生活实例

▼

今年五一假期，老沈家的儿子从国外回来探亲。过去，老沈和老伴为了准备一大桌丰富的菜肴，要提前去几千米外的大型超市采购。可如今，社区里为老年人提供了日间照料服务中心，只要在家动动手指，就能送来半成品的饭菜，在家翻炒一下就行了，也比在饭馆吃得干净实惠。

老沈和老伴所在的社区，是 2017 年上海市首批入围"智慧健康养老示范街道（乡镇）"的 8 个街道之一，是典型的老龄化老旧社区。在这样一个老龄化程度较高的区域中，老年日间照料服务中心为老年人配备的"智慧居家宝"，形状如同 iPAD。在里面点菜，真是省心省力。蚝油牛肉、青椒肉丝、宫保鸡丁，菜单极其丰富，真是只有想不到，没有选不到。不到一小时，配送的师傅就把这些送上了家门。

老沈和老伴的儿子不在身边，可有了社区的老年日间照料服务中心，老两口的退休生活可是越来越充实。每天，社区都有不同的精彩活动，还有智慧健康产品体验区，以前在商场看见的按摩椅，觉得贵，用不起，现在只要微信扫一扫，就能舒舒服服地用上半小时。用智能血压仪测血压，自己的健康数据直接传送到手机上，确保了个人隐私。还能连上社区卫生服务中心的家庭医生，随时随地请教健康问题。服务中心里还有一台健康筛查机器人，只需识别人脸就可以对身体进行全面检查。

除了生理健康，心理健康也不能落下。对着电脑就能进行体感游戏，虚拟现实（VR）打网球，真是让人开阔眼界。"电视盒子"里，自己想看啥就能点播，新闻、戏曲、滑稽戏，一个都不落下。

还有不少公共服务部门，借助互联网手段，推出了社区日间照料智能化应用 App，既提高服务效率，也节省人力物力。为了方便老人使用，尤其在医院、养老院等老人集中的区域，开通网络自助服务，还有人工服务，帮助老人讲解和操作，让他们能够尽快适应自助办理服务。社区里提供的各种养老服务，也应该既提供健身讲座，也提供智能化生活的学习讲座，让老人能够跟上科技发展的步伐。

♥♥♥♥♥♥♥♥♥ 特别提醒 ♥♥♥♥♥♥♥♥♥

2017 年上海市首批入围"智慧健康养老示范街道（乡镇）"的 8 个街道是：上海市静安区共和新路街道、上海市长宁区江苏路街道、上海市长宁区新华路街道、上海市长宁区周家桥街道、上海市黄浦区老西门街道、上海市黄浦区南京东路街道、上海市闵行区古美路街道、上海市闵行区江川路街道。

2018 年入围"智慧健康养老示范街道（乡镇）"的 7 个街道是：上海市长宁区程家街道、上海市普陀区长征镇、上海市徐汇区田林街道、上海市奉贤区青村镇、上海市奉贤区南桥镇、上海市奉贤区庄行镇、上海市静安区石门二路街道。

37. 智能护理床，还失能者尊严

一年一度的国际老年用品博览会上，各家展台前都人头攒动。养老产业、养老器具、养老服务等越来越受到各界的关注。

随着老龄化社会的到来，老年人口数量逐年增加。除机构养老以外，社区养老和居家养老依然是重中之重。尤其是失能老人，他们的排便、洗澡、翻身等都存在困难，而且很难找到合适的护理人员，老人在被服务过程中也容易承受二次伤害，而且特别没有尊严。

目前，我国各地不少公司都已经研发出能够满足各种需要的，具有我国自主知识产权的智能护理床，来帮助失能人士的日常家庭护理。

传统的护理床功能比较单一，智能护理床不同于市场上常规可见的护理床，其特点在于完全依据失能老人的身体运动特点来设计床体功能控制。

首先，它能够自动翻身，通过完全贴合背部曲线的翻身推板设计，可 0°～90° 任意调节，模拟人力推背过程，使患者翻身时无任何痛苦。

同时，护理床的头部与尾部均具有可升降功能，可轻松在"躺"和"坐"之间切换，减轻患者长期躺下的痛苦，缓解腿部压力，防止肌肉萎缩。通过手机、平板电脑甚至语音，可命令智能护理床协助老人完成侧身、抬臀、按摩、如厕甚至洗澡等各种难度的动作。

此外，智能护理床随床自带隐藏式烘干智能马桶和小型恒温热水器，以及拥有自身专利的污物粉碎处理技术。普通护理床需要手动清洁排泄物收集盒，智能护理床是则采用自动冲洗、臀部按摩、暖风烘干型马桶，甚至针对性别，护理床还分别设置了不同的清洗模式。

当然，智能床还将实时测量老人的生理数据，并发送到子女的手机上，便于儿女们日常护理和监测。

❤❤❤❤❤❤❤❤❤❤ 特别提醒 ❤❤❤❤❤❤❤❤❤❤

目前市面上的智能护理床的智能程度不一，品牌较多，也有以"多功能护理床"称之的，价位从几百元至接近几万元，可结合老人和家庭实际酌情选购，也可在购买前向康复科医生详细咨询后再定。

38. 外骨骼机器人，让人重获行走

科幻大片《流浪地球》中，救援队员们身穿外骨骼机甲在恶劣的地表为生存而奋战，千里徒步送火石在这身装备的支持下成为可能。现实中，由工程师制造的外骨骼机器人，能够帮助截瘫或偏瘫病人，帮助其逐步摆脱轮椅，重新获得站立行走的能力。

外骨骼机器人，又称动力外骨骼系统，是将机电一体化、生物力学、人体传感网络、步态分析等多领域科技融合而成的产物。不过骨骼机器人出现伊始，是为了满足军方训练士兵的需要。1965 年，在美国国防部的支持下，通用电气公司与康奈尔大学合作研发的可穿戴式机械样机 Hardiman，可举起 341 千克的重物，开了助力型外骨骼机器人样机研发的先河。但由于受技术的限制，相关研究停滞不前。

随后的几十年时间里，随着传感技术、材料技术和控制技术的高速发展，至 20 世纪末，外骨骼机器人再次进入蓬勃发展阶段，美国、日本、俄罗斯等国均针对外骨骼机器人展开大量研究工作。我国外骨骼机器人的研究虽然起步较晚，但也很快出现了可以应用的产品。

外骨骼机器人的核心技术包括感知技术和交互技术。因为外骨骼机器人设备是穿戴在人身上的，所以不同于工业机器人，外骨骼机器人可让机器人与病人、环境三方之间都实现交互。

2017 年 3 月由上海张江高新区一家高科技企业研发的下肢外骨骼康复机器人突破了力反馈技术，通俗来讲就是使得机器人拥有了"触觉"，通过 19 个不同的传感器，11 个分布式 CPU 模块，能够"感知"病人在步行中的变化，"思考"病人的意图并通过电机帮助病人"执行"步行动作。当残疾人、老年人穿上形似"钢铁侠"盔甲的腿部外骨骼机器人后，机器人可以感知其运动意图，然后帮助其像普通人那样迈步行走。在早期的测试中，一位因为脊髓损伤，已经 3 年完全丧失了行走功能的病人，在下肢外骨骼机器人的帮助下，迈出了伤后久违的第一步。

这款下肢外骨骼康复机器人拥有 4 个动力单元、6 个多维力学传感器，分别位于大腿、小腿和足底，通过 10 多个传感器的布置可以形成一套感知系统，更加智能"读懂"人的运动意图，再根据用力大小调整动力输出，实现不同的运动模式。

与很多相似外骨骼设备只能实现被动模式，人只能被迫跟着机器预设好的固定轨迹运动相比，新的外骨骼机器人具有"自主思考"能力，可以通过力反馈控制算法，将外骨骼机器人与人进行交互，步态轨迹也可以依据使用者的用力大小、外部动态环境的变化而实时调整。

发展至今，尽管外骨骼机器人在技术上仍然存在诸多难关，例如复杂运动下响应速度不足、机器人下肢重心不稳、多自由度下协调控制困难等。但可以预见的是，外骨骼机器人作用巨大，将在未来的医疗康复、助行和工业等领域中发挥重要的作用。

♥♥♥♥♥♥♥♥♥ 特别提醒 ♥♥♥♥♥♥♥♥♥

浦东张江有一家公司研发出下肢外骨骼康复机器人，目前还处于临床试验阶段，有数十家医院康复科已经在试用这款设备，并一直在收集数据做不断的迭代。通过一些算法的学习，可以让下肢外骨骼康复机器人更加智能，这对于不能行走的病人来说，应该是一个福音。

39. 3D精准打印出人体骨关节和牙齿

3D 打印技术，是一种以数字模型文件为基础，运用粉末状金属或塑料等可黏合材料，通过逐层打印的方式来构造物体的技术。简单地说，只要在电脑中输入你想要的 3D 图形，利用 3D 打印机可以在很短的时间内就能够制造出来。由于 3D 打印成品的可塑性非常强，且它的生成原理属于逐层打印，即完成一层再进入下一层的打印加工，因此精确度非常高。

生活实例

▼

上海科技节上，一台打印机吸引了不少人的目光。这是一台比普通打印机略小的 3D 打印机，一旁的电脑中显示着一个人体关节构造，随着"滋滋滋"的声音，电脑中显示的那个骨关节正在被打印出来。

很多人说 3D 打印给传统的打印技术带来了根本性的变革，甚至将其誉为"第三次科技革命的工具"。的确，3D 打印技术的发展前景远大，应用非常广泛。这种技术可以和很多领域结合起来，比如生物、建筑、珠宝、鞋类、工业设计、航空航天等。尤其在医学领域，3D 打印技术正飞速地发展。

上海交通大学医学 3D 打印创新研究中心在戴尅戎院士的带领下已经走过 30 余年历程，该中心将 3D 打印技术应用于医学领域。比如设计好参数，在医用 3D 打印机上打印出金属假体，在手术中植入人体内。以前骨科的人工关节置换、打钢板的器材都只能批量生产，像服装一样，只有大、中、小码，随着 3D 打印技术的到来，可以做到量体裁衣。除此之外，3D 打印个性化医学辅助模型、手术定位导板、内植入物、康复器械等方面，也获得重大突破，取得一系列拥有独立知识产权的创新成果，目前已处于该领域国际领先水平。

牙科产品加工领域是 3D 打印技术又一个施展本领的阵地。传统的方法需要牙科技师手工制作模具和铸造零件，需要花费大量的时间和精力手工制作牙冠和其他牙科假体。而数字化的方法则是在计算机上建立一个 3D 模型。当 3D 模型完成后，系统在平台上制造零件，然后由铣床进行最后的加工。打印一颗牙齿只需要 3 分钟，这使得 3D 打印比传统方法快十倍。得益于 3D 打印的数字化和精确化，大大降低了技术难度和技术风险，提高了牙医的工作效率。

世界范围内，3D 打印的应用也越来越普遍。目前 3D 打印研究的热点和方向之一就是 3D 生物打印技术，它利用干细胞为材料，按 3D 成型技术进行制造，一旦细胞正确着位，便可以生长成器官，这对于心血管组织的修复和再造，以及其他很多器官的治疗都有革命性的意义。除此之外，还可以将细胞和材料混合之后，利用 3D 打印技术制作出相应的假体，尽可能地满足治疗的需要。

2019 年，多伦多大学的研究人员开发出一种手持式 3D 皮肤打印机，可以沉积均匀的皮肤组织，覆盖并治愈深层伤口。

同年，以色列一个团队的研究人员甚至利用 3D 打印技术，利用取自病人自身的人体组织，打印出了全球第一个完整的心脏。这是全球首次成功地设计并打印出了充满细胞、血管、心腔的完整心脏，让人叹为观止！

♥♥♥♥♥♥♥♥♥♥ **特别提醒** ♥♥♥♥♥♥♥♥♥♥

2019 年 4 月 15 日，以色列特拉维夫大学在 *Advanced Science* 上刊文，宣布成功用人体细胞制造出世界上首颗 3D 打印心脏。这颗 3D 打印人工心脏大约 2 厘米长，和兔子的心脏大小差不多，看起来像个精致的小玩具。然而这颗心脏是货真价实的人类心脏缩小版，不仅有心脏细胞，还有血管和其他支撑结构，甚至能像真实的心脏一样跳动，这为人造心脏移植提供了可能，是一大创举。

40. 新型 PET-MRI，肿瘤精准筛查利器

PET-MRI 是近年兴起的新型多模式成像设备，是正电子发射计算机断层显像仪（PET）和核磁共振成像术（MRI）两强结合成的大型功能代谢与分子影像诊断设备，同时具有 PET 和 MRI 的检查功能。它将两次检查——正电子扫描（PET）和核磁共振成影术（MRI）合并为一次，可缩短检查时间，同时获取全身 MRI 和 PET 数据，是医学成像领域的巨大飞跃，为诊断和了

解疾病开启了新的大门。

目前，PET-MRI 是全球公认的在恶性肿瘤、神经系统疾病的早期筛查及诊断上较为精准的医学影像设备之一，可筛查全身"毫米级"多种恶性肿瘤，尤其对于乳腺癌、胰腺癌、肝癌、肾癌等疾病的早发现、早治疗很有帮助，而且对早老性痴呆症和癫痫的诊断有很大的帮助。

那么，PET-MRI 筛查癌症为何精准呢？

PET 是目前国际上最尖端的医学影像诊断设备之一，也是目前在细胞分子水平上进行人体功能代谢显像最先进的医学影像技术。PET 可以从体外对人体内的代谢物质或药物的变化进行定量、动态的检测，成为诊断和指导治疗各种恶性肿瘤、冠心病和脑部疾病的最佳方法。但由于 PET 图像的分辨率并不是太高，所以研究者将对神经系统和软组织的显示更具有优势的 MRI 检查与之结合。一体化的设备设计，使得 PET 与 MRI 同步、同时扫描，图像融合更精准，尤其是对于腹部、盆腔图像的解析，大大提高了检测的阳性率，提高了对疾病发现和诊断的精确性。

简单来说，癌细胞生长需要大量葡萄糖，PET-MRI 中 PET 就是将含有葡萄糖的药剂打入人体内进行观察，如果有特别高亮的地方，就是葡萄糖聚集之处，即癌细胞的所在之地。就是这种方式可以精确地将癌细胞定位，为手术提供较好的技术支撑。这就是为什么在癌症早期尚未产生解剖结构变化前，就可以通过

PET-MRI 发现隐匿的微小病灶。同时 PET 可以显示出人体的代谢活动情况，对追踪癌症转移有很好的监控效果。

除了精准外，PET-MRI 检查还具有辐射伤害低、扫描速度快的优势，适合儿童和健康人群的定期体检。

♥♥♥♥♥♥♥♥ 特别提醒 ♥♥♥♥♥♥♥♥

在国外，因其可以用医保支付，PET 被视为健康体检的最佳手段，定期的 PET-MRI 检查可发现一些无症状的早期肿瘤患者。在国内，由于 PET-MRI 费用较高，也未纳入医保支付范围，所以一般情况下做的人不多。不过，若条件允许或医生有建议，每年做一次 PET-MRI 检查比较合适。

41. 射频精准消融术治疗下肢静脉曲张

下肢静脉曲张是一种发展十分缓慢的疾病，慢到几年、十几年甚至几十年。血管外科专家认为，单纯的理疗和保守治疗，只

生活实例

　　年过 60 岁的赵阿姨，因为觉得腿上的下肢静脉曲张影响外观、沉胀"抽筋"、皮肤瘙痒前来就诊。经过仔细评估，专家为赵阿姨实施了微创射频治疗结合微创点式剥脱处理小腿曲张静脉。手术瘢痕就是腿上那几个看上去像是黑痣的小黑点，手术后赵阿姨的症状也完全消失了，沉重的腿变得很轻松。与传统手术相比，微创射频手术不需要在大腿根部开出长约 3 厘米的切口，也避免了传统手术抽剥大隐静脉的创伤，术后就可以下床活动，大大减轻了患者手术后的痛苦。

　　是改善外周血液循环状态，并没有使变形的静脉瓣膜得到恢复。从医学角度讲，这些方法都是只能治标不治本的，只有手术才能根除下肢静脉曲张。

　　从临床上来说，造成静脉曲张治疗后又复发的原因很简单，就是没有做根除治疗，没有去除病根。这主要有两个原因。

　　一是静脉曲张常常出现在小腿部位，而根源大部分在位于大腿部位的大隐静脉，要治愈就必须去除大腿部位有问题的血管。由于大隐静脉在外表是看不出来的，只有用血管超声波才能清楚地显示。所以如果只在小腿部位手术或注射硬化剂治疗，那是治

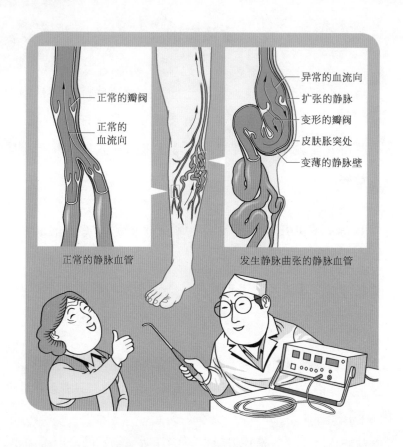

正常的瓣阀

正常的
血流向

异常的血流向

扩张的静脉

变形的瓣阀

皮肤胀突处

变薄的静脉壁

正常的静脉血管

发生静脉曲张的静脉血管

标不治本，复发是一定的。

二是小腿的小隐静脉位置深，病变不易被发现，加上常规手术体位难以触及，如果超声检查不能贯穿手术全程的话，很容易被遗漏，做不到彻底清除，从而导致复发。利用血管超声波可以准确地找到患病的根源，在治疗过程中由血管超声波引导激光或射频准确地针对发病根源进行根除治疗，找到病根并有效清除就是微创治疗不复发的最主要原理。

射频精准消融术利用超声检查影像，精确找到病患血管的根源，进行除根治疗。根据患者个体特点，综合使用射频、激光、硬化剂、超微创剥脱等技术，并进行术后周期管理，确保治疗后不复发。

在超声波的引导下操作是一直强调并坚持的原则。无论是在病源的检查阶段，还是在手术操作阶段，宜全程坚持使用超声波。检查阶段，为了更精准地找到静脉曲张血管的源头，测定血管大小、血管流速、是否有逆流等情况，通常会让患者采取站立、平躺等多种体位进行血管超声波的精细排查，不放过任何一根毛细血管。

经过超声波的精准"寻根"，接下来就是根据患者的个体情况制定合理的治疗方案。血管外科专家在多年的实践中总结出了根据超声检查结果（积累的大数据），针对患者个体不同，制定出了个性化射频精准消融术。单一的某种方法不能完美解决静脉曲张，要做到除根治疗，必须多种疗法结合使用，才能达到最优的效果，无视患者个体不同采取单一的治疗方法存在很大的术后复发可能。

射频精准消融术主要有两种治疗方法。①高周波治疗：又名腔内射频精准闭合术，在局部麻醉状态下，使用高热源闭合引起曲张的根源静脉，其特殊的释放热量的方式使得闭合静脉的效果更为可靠，同时也大大缩短了治疗时间、减轻了治疗后的痛感，且高周波治疗最大的好处是不受人群限制，有高血压、糖尿病等特殊疾病的群体也能接受治疗。②激光治疗：也是治疗静脉曲张的重要方法，其和射频治疗一起，被称为静脉曲张治疗中最标准的治疗方法。激光治疗的操作原理和射频相似，也是通过高热源闭合问题静脉。这里需要提醒的是，相比传统的开刀手术，两种治疗方法的痛感较轻、复发率较低、恢复速度较快。

♥♥♥♥♥♥♥♥♥ 特别提醒 ♥♥♥♥♥♥♥♥♥

血管外科专家建议，站立位工作的人最好预防性穿着医用弹力袜，弹力袜的压力能帮助下肢静脉回流，减轻下肢静脉压力，从而延缓静脉曲张的发生；避免站立不动、长时间站立与静坐，尽量多走动，活动小腿的肌肉群，使静脉血液回流，如果空间不允许，至少也要动动脚，以利循环。睡眠时可将脚部稍微垫高，让腿部的血液往身体部位流通。

42. TOMO 刀，精准的肿瘤放疗设备

对于早期癌症患者来说，首先是手术，手术后视情况可以进行放疗、化疗等以巩固疗效。放疗是癌症治疗的常规方法之一，大约一半的患者在治疗过程中需要接受放射治疗。据统计，2015 年我国新发肿瘤病例 429 万例，存活的肿瘤患者保守估计在 1 500 万，但是 2015 年我国接受放疗的患者总计为 91.9 万人次，可见我国肿瘤患者接受放疗的比例之低。这可能与传统放疗不够精准、副作用较大有关。随着医学技术的发展，放疗也逐步进入了精准放疗时代。

放疗专家指出，作为世界上唯一采用螺旋 CT 扫描方式治疗癌症的放射治疗（断层放疗）设备，TOMO 放射治疗系统（TOMO 刀，或托姆刀），是目前最精准的定向放疗方法，在临床有较宽广的适应证，在鼻咽癌、肺癌、食道癌、脑肿瘤、乳腺癌、前列腺癌等全身多发性转移瘤和全脊髓照射等放射治疗上有优势。

什么是托姆刀呢？

要认识托姆刀，先要了解一下三维适形放疗（3D-CRT）、调强放疗（IMRT）、图像引导放疗（IGRT）和剂量引导放疗（DGRT）。

常规放疗不能将照射剂量都集中到靶区，靶区定位精度较

113

差，3D–CRT 和 IMRT 克服了以上缺点。3D–CRT 在每个照射方向上的照射野形状与靶区的形状一致。

IMRT 在 3D–CRT 的前提下调节靶区内不同区域的照射剂量，不光在形状上，也在剂量分布上与靶区适形，实现了双重适形。与 3D–CRT 相比能更好地把剂量集中到不规则的肿瘤靶区，更好地保护重要的临近正常组织和器官。

IGRT 是在分次治疗摆位时或治疗中采集图像，利用图像引导治疗以确保摆位或治疗精确。

DGRT 是放疗实施后测量实际照射剂量，再与计划剂量进行比对，然后根据两者之间的误差调整下一步的放疗计划，修正误差，从而使经过整个疗程后的照射剂量与计划剂量一致。

托姆刀是螺旋断层放射治疗（TOMO Therapy）系统的简称，这种放疗设备将直线加速器与螺旋 CT 完美结合，突破了传统加速器的诸多限制，集 IMRT、IGRT、DGRT 于一体，在 CT 引导下 360 度聚焦断层照射肿瘤，对恶性肿瘤进行高效、精确、安全的治疗，在使放疗剂量紧扣肿瘤的同时，将对周围正常组织的伤害降到最低，是当今最先进的肿瘤放射治疗技术之一。

根据目前国内 TOMO 治疗病例的统计显示，治疗复杂病例和传统加速器无法完成的病例占多数。因为 TOMO 刀治疗对治疗肿瘤的尺寸没有限制，从头部很小的垂体瘤到骨髓移植前的全身全骨髓照射都可以进行；对头颈、食管、肺、肝、胰腺、子宫颈、乳腺、前列腺、膀胱等全身各个部位均可实施治疗，没有治疗部位的限制。

据放疗专家介绍，在中国，癌症患者的发现以中、晚期较多，其具有多发、远端转移的特征，TOMO 刀在治疗此类患者时尤其适合。因为 TOMO 刀可以一次性治疗 150 厘米长度范围内的多个肿瘤靶区，大大提高临床治疗效率；再加之其拓展了基于传统 C 型臂加速器的放疗适应证，使得原来"不可治"的肿瘤变成"可治"，使原来只能实施"姑息剂量"的放疗变为可以实施"根治剂量"的放疗。对于某些病例，TOMO 刀可以在无创条件下，像外科手术一样对肿瘤进行定点或多点清除，使癌症患者长期"带瘤生存"变成可能。

那么，TOMO 刀治疗有哪些特点呢？

TOMO 刀独创性的设计突破了诸项限制，能完成全身各部位恶性肿瘤的精准放疗外，也可用于至今临床难以解决的全中枢神经系统照射、全脊髓照射、全淋巴腺照射等特殊治疗。相较传统放射治疗，TOMO 刀放疗可以应用于身体任何部位发现的病灶同时进行放射治疗，不仅能放射治疗最复杂的病例，还改善了靶区定位的精确度，从而使放疗更准确，效果更好，副作用更小，时间更短。

因其具有不开刀、无创伤、不打麻药、提高疗效、降低损伤等优点，自问世以来，已经被欧美医疗发达国家广泛投入临床治疗中。TOMO 刀设备于 2003 年开始临床应用，现在全球 37 个国家和地区近 300 多个放疗中心得到应用。在亚洲于 2004 年进入日本开始临床应用，目前已有十几年的应用经验。我国于 2012 年开始临床应用，目前我国投入临床应用的有 20 台左右。

♥♥♥♥♥♥♥♥♥♥♥ 特别提醒 ♥♥♥♥♥♥♥♥♥♥♥

TOMO 刀手术费用较高，也不在医保支付范围内。目前上海地区的大致费用标准是每次 6 000 元，根据病种不同，需要做 8~35 次，可咨询医生选用。

43. 柱状水囊扩开术解决前列腺问题

生活实例

▼

"人老了，排尿慢、排尿费劲都属正常。"这是很多老年男性在出现排尿异常时的心声。他们，包括他们的子女都把这种现象当作正常，直到出现尿痛、尿不尽、尿线变细、夜尿频繁，甚至发展成排尿困难、淋漓不尽、小腹痛，严重影响睡觉和生活时才重视起来。这是不对的。

前列腺增生，形态学上称之为前列腺肥大，亦即老百姓口中的前列腺肥大，是老年男性常见疾病之一，其发病率随年龄递增。人过了 60 岁，此时前列腺"老态龙钟"，渐渐地"胖"起来了。前列腺增生初始阶段可能没什么太大的危害，它只是给患者的生活带来一些小的烦恼，引起尿频、尿急、夜间排尿次数增多、尿线变细、排尿困难等。很多人就此忽略过去，再回首时，已然严重，对患者的身心都已造成不可挽回的损伤。

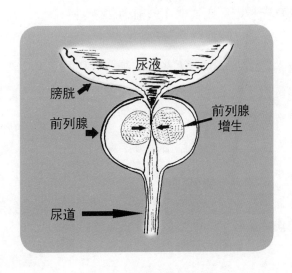

50 岁以上的男性中 50% 有不同程度的前列腺增生，对于前列腺增生造成的尿路症状，不必以"年纪大了"为由而忍受着，患者完全可以通过服用药物、手术等方式减轻麻烦和痛苦。

对于前列腺增生症状相对较轻的病人来说，不必盲目用药，定期接受检查，密切观察即可。而前列腺体积较大，夜尿较多，对个人正常生活有一定干扰时，则需要药物干预。

目前治疗前列腺增生主要有三大类药物：α 受体阻滞剂、5α 还原酶抑制剂和中药。治疗体积较大且症状较重的前列腺增生的黄金用药法是同时服用 α 受体阻滞剂、5α 还原酶抑制剂。但是，一般来说需要长期服用，会有一定的经济负担，而且随着服药周期的延长，药物的效果可能会变差。所以，当出现一次以上的尿潴留时，单纯依靠口服药物已经无法解决问题，建议患者考虑手术，而且首先考虑经尿道操作的前列腺微创手术。

现在，一种名为经尿道柱状水囊前列腺扩开术正在大量运用。该技术是由北京大学第一医院泌尿外科医学泰斗郭应禄院士为首的多位医学专家经过多年的临床研究总结出来的，是目前我国唯一具有独立知识产权、获得国家发明专利且保留原器官的一种有效、安全、简便的微创治疗方法。

柱状水囊前列腺扩开术不同于常规的腔道手术，以往的手术通过电切、激光等热物理的方法切割去除增生的前列腺腺体，对下尿道的伤害比较大。而经尿道柱状水囊前列腺扩开术则是采用

♥♥♥♥♥♥♥♥♥♥♥♥♥ 特别提醒 ♥♥♥♥♥♥♥♥♥♥♥♥♥

据了解，经尿道柱状水囊前列腺扩开术已从 2018 年开始进驻上海各大三甲医院，包括复旦大学附属华山医院、上海交通大学医学院附属仁济医院和新华医院、同济大学附属同济医院、上海交通大学附属第六人民医院等，已各自做了几例到几十例不等，根据后续的随访结果，病人反馈治疗效果都比较理想。

同时，据专家介绍，经尿道柱状水囊前列腺扩开术已进入部分省份的医保支付范围，在全国已经开展了上万例。

机械物理方法扩开前列腺外周的坚韧包膜，达到缓解腺体对尿道的压力，恢复排尿的通畅性。

具体说，就是利用水囊的张力使包裹前列腺的这层膜从前部钝性裂开，此时，位于两侧的前列腺腺体也随之张开，随着周围组织嵌入张开处，腺体无法闭合，从而使前列腺尿道段形成一个上宽下窄的腔隙，实现了尿道长期通畅。

该手术的优点很多，比如：手术时间短，15 分钟即可完成，对老年高龄、高危、不能耐受长时间手术的病人尤为适用；由于不破坏腺体本身结构，不会影响性功能，是需要保留性功能的不二之选；对部分特殊体位，无法进行汽化电切术或者激光剜除手术的病人也可以采用；对特别巨大的前列腺增生，一次手术解决排尿问题，不需要两次手术；部分病人，甚至可以采用局麻下操作，规避麻醉对机体带来的潜在风险。

44. AI技术鉴别中药材真伪

生活实例

▼

酸枣仁，一种常用中药材，为鼠李科植物酸枣的种子，2010年为我国药典收藏，有养肝、宁心、安神、敛汗之效。同其他中药材一样，小小的酸枣仁也有以假冒充者。面对真假酸枣仁，中药"老法师"一看就能辨真伪，如今外行也有望"加持"这种本领：借助手机扫一扫，通过人工智能技术（AI）大数据比对，30秒不到就能鉴别出一堆真假酸枣仁中谁是正品，谁是伪品。

"药材好，药才好。"中药材作为中药饮片的原料，其规范种植和规范采收加工决定着中药饮片质量。中药材质量受种源、环境、技术、管理、采收加工、仓储运输等多方面因素的影响，处理不好，会造成中药材质量参差不齐。如果任由伪劣药材横行，任由劣币驱逐良币，不仅会让整个中医药产业陷入生存危机，重创中医和中药的公信力，中医药的长久发展也得不到保证。

以往，仅仅靠眼看、手摸、鼻闻、口尝、水试、火试等绝活把握每种药材的真伪优劣，在中药原材料真假难辨的今天的确是杯水车薪，毕竟有经验的"老药工"少之又少。经多方探索，现在有研究者通过 AI 技术不仅掌握高品质中药原材料，让中药饮片生产企业在源头控制上有了底气，同时在后续整个生产过程中，通过 AI 赋能药物研发，优化生产效率，持续抢占技术的高点，将会给中药市场带来"颠覆性技术革新"，进而引领出一大批中药高科技制造企业。

2019 年 6 月 26 日，在安徽省亳州市召开的"健康'一带一路'暨中医药科技创新高峰论坛"上，医库云 AI 研发平台展示了其自主研发的第二代"多模态 AI 中药识别仪"。这款"多模态 AI 中药识别仪"是一款集数字化、智能化、集成化于一体的仪器，其通过人工智能技术，将传统中药经近红外光谱分析得到的光学指纹图谱结合影像技术进行多模态融合，极大地提高了中药光学指纹图谱的鉴别精度，实现了中药成分 1 分钟快速检测。另外，该仪器搭建了中药材 AI 可视化追溯平台，能够按中药材跟踪系统、质量产地来源实时检测系统、质量产量预测系统、紧急召回系统，完成农田到终端、病人到农田的追踪。

据介绍，这款多模态 AI 中药识别仪可以用于现场大批量采样鉴别药材伪劣、年份、含量并完成药材分级，也可以帮助药企在质控环节中实现工业级大批量精准校验，降低员工操作疲劳度，预防饮片质量风险。目前，通过研发改进，"中药材 AI 鉴别师"的分析精度达到 90% 以上，平均每次鉴别仅耗时 2 秒，已经达到同行业专家的水平。

特别提醒

据新闻报道，多模态 AI 中药识别仪是集数字化、智能化、集成化于一体的，具有开创性的中药成分快检产品。其机制是用人工智能技术，将传统中药经近红外光谱分析得到的光学指纹图谱，经数据增强处理提取放大特征，采用深度学习模型训练，结合影像技术多模态融合，这样就极大提高了中药光学指纹图鉴的鉴别精度，实现了中药成分 1 分钟快速检测，较传统液相色谱鉴定凸显其周期短、费用低的特点，是中药成分检测领域的重大突破。该产品受到众多医学专家包括院士们的赞赏，是中国企业自主创新的代表性案例。

45. 智能药盒 + 手机 App，提醒按时服药不会忘

生活实例

▼

62 岁老薛身体一直很健康，前不久的在体检中查出了脂肪肝。"我根本没当一回事儿！"老薛打电话告诉身在异地的儿子，"医生开的药也经常忘记吃，总是记不住。"

日益严峻的城镇"空巢化"趋势，子女忙于工作不在身边，居家养老将成为常态。事实上，现在大部分的空巢老人都患有慢性非传染性疾病，例如高血压、糖尿病、心脏病甚至是肿瘤，都需要长时间服药。而不规范的服药会带来很多危害，药物的副作用对身体伤害也很大。怎么解决这个问题呢？于是，智能药盒就应运而生了。

以市面上的一款智能药盒（下页图）为例，外观看上去有 7 个格子，代表着一周 7 天。你只需将每天所需要服用的药物储藏在格子中即可。

将手机上的 App 与智能药盒相关联后，就能查询药品名称，

使用说明等信息，之后就能设置服药时间、频率等。

每个格子都有独立的 LED 灯，服用时间一到，手机软件就会推送信息提醒你，智能药盒上相应的格子也会亮起绿色的灯光，不用费心去记什么时候吃什么药，更不用担心吃错了。手机 App 还会记录你用药的情况，方便自己查看以及将信息同步给家人，让家人不必为你担心。

手机 App 还可以查询服药记录，避免重复服药。更智能的是，当药盒感知到自己短时间内被重复打开，也会发出蜂鸣声和灯光警告。

家里东西太多，找不到小小的药盒怎么办？没关系，拿起手机，在 App 里一键寻找药盒，药盒会随之发出绿色灯光以及滴滴的蜂鸣声。

当然，智能药盒的作用不仅仅只是服药的提醒器。通过"智能药盒"，可有效收集和积累这些服药数据，再整合其他各项相关体征数据，结合线下药店、社区诊所及服务机构，最终为老人提供更加便捷的居家健康管理和养老服务。

♥♥♥♥♥♥♥♥♥ 特别提醒 ♥♥♥♥♥♥♥♥♥

有专家指出，目前市面上的智能药盒价格不太亲民，比一般的药盒要贵不少。其次，智能药盒需要与手机 App 配合使用，这对部分不会操作智能手机的老年人来说有些难度。但从实用性和安全性的角度讲，只要条件许可，可让家中小辈们提前设置好，老年朋友们只要按照智能药盒的提示按时服药就行了，这样就不会忘记服药或要服哪几种药了。特别是对要按固定时间间隔和固定次序服药的老年人来讲，智能药盒更是不可缺少的，家中的小辈们要尽下孝心，让老年朋友们服药更安全、更及时。

46. 脉诊仪来了，中医看病智能化

中医看脉象即摸脉象，古代医家都是根据脉象描述来确定什么脉和什么病。《黄帝内经》中对脉象的描述（如滑、涩、浮、沉等）一直沿袭到后世。这种以形象的比喻描述方式给传统脉学所做的定性标准就形成了中医脉象，但这种用文字描述的脉象是抽象的，在检测上全凭师傅言传身授和个人经验体会，初学者如想掌握是很难的。尽管历代医家在传统脉学的形象描述中做了大量的工作，对于中医脉学的发展、普及、提高也做出了重大贡献，但限于历史条件，其仍然缺乏客观化的定量、定性指标和规范。

随着众多行业专家的精心协同努力，早在1958年我国就有了经络测定仪，还有做针刺用的电针治疗机、作针麻用的针麻仪、治疗皮肤病和止痛的激光针灸仪、用于按摩的电按摩器、仿气功作用的气功仿生治疗仪、用于诊断的耳针探测仪和热成像仪等。随着中医学的不断发展，具有中医特色的医疗诊断仪器被不断研制和开发出来。

一些中医诊断仪器一方面可以保留中医的诊断图像或数据资料，这些数据是健康档案、临床诊断的证据；另一方面，资料积累多了，就可以在大数据分析的基础上，建立起客观的中医诊疗规范和疗效评价标准。这两方面的作用对于促进中医药的发展至关重要。

中医诊断疾病的原则是审察内外、辨证求因、四诊合参，根据该原则中医诊断检测设备可分为三类：第一类是中医"望、闻、问、切"四诊仪器，比如舌诊仪器仅是望诊之一，脉诊仪器是切诊中的主要仪器，闻诊中包含听声音和闻气味的两种仪器，问诊是一个诊察疾病的专家系统，是临床辨证获取信息的重要依据和

补充；第二类是提供八纲与其他辨证信息的设备仪器，如经络、穴位、脏腑、气血等中医检测仪器；第三类是中医各科诊断的专家系统，能运用中医专家的知识和经验进行推理和判断，能在诊断和治疗过程中不断地增长知识库，修改原有的知识库，可完成中医的诊断和治疗。除此之外，中医的一些治疗仪器针对特定的治疗也具有相应的诊断功能，如一些治疗仪、导平仪等。

脉象仪、舌象仪、经络诊断仪……这些能进行"望、闻、问、切"和针灸的中医仪器虽然很早就已经研发出来，但很长一段时间都只能在实验室里使用。

而自 2017 年 6 月 1 日起，舌象仪、脉象仪行业标准，即 YY/T1488–2016（《舌象信息采集设备》）、YY/T1489–2016（《中医脉图采集设备》）正式实施，标准从术语、定义、要求、实验方法、检验规则等方面对设备进行了规范和要求。这是中医诊断类医疗器械行业标准工作中的里程碑，改变了多年以来中医诊断类医疗器械无标准可循的被动局面。

许多型号和品牌的中医四诊仪纷纷上市，走入基层医疗机构，方便人们问诊，如上海某公司生产的"道生四诊仪"，作为中医体质辨识设备，拥有医疗器械注册证，整合了将中医舌诊、面诊、脉诊、问诊等子系统整合，自动辨识体质并支持开展个体化中医养生干预服务，入选国家中医药管理局中医诊疗设备评估选型品目的中医体质辨识设备，将推动中医"治未病"服务向客

♥♥♥♥♥♥♥♥♥ 特别提醒 ♥♥♥♥♥♥♥♥♥

2017年，科技部和国家中医药管理局共同印发了《"十三五"中医药科技创新专项规划》，提出到2020年，建立更加协同、高效、开放的中医药科技创新体系，加速推进中医药现代化和国际化发展，进一步提升中医药防治重大疑难疾病的能力和中医"治未病"的优势。其中要求加强系统生物学、大数据、人工智能等多学科前沿技术与中医药的深度交叉融合。围绕中医诊断、康复与治疗仪器研发关键技术，将加快产品技术创新，构建产品创新体系，研制和推广符合中医特色的数字化仪器。包括：①中医诊断设备研发，开发系列智能脉诊仪、舌诊仪等诊断设备，构建脉诊大数据智能处理与分析平台，建立基于脉诊、舌诊等信息的中医诊治一体化系统；②中医治疗及康复养老设备研发，研发数字化、小型化、集成化和智能化的中医治疗设备；③研发中医推拿和康复机器人、具有中医特色的老年康复辅具、中医智能化养老等设备；④中医健康数据采集设备；⑤研发便于操作使用、适于家庭或个人的中医健康检测、监测数据采集设备，研制家庭或个人用的移动便携式、可穿戴中医健康数据采集产品核心部件和整机设备。

观化、规范化与科学化方向发展。

这些中医数字化仪器的研发，将有助于构建现代化中医诊断系统和平台，构建"治未病"技术体系，建立中医大数据资源库，建立中医药数字信息的标准与规范，推动我国中药制造技术迈向高端水平。